australian ʃtudies

サスティナビリティ・サイエンスとオーストラリア研究

地域性を超えた持続可能な地球社会への展望

宮崎里司　早稲田大学オーストラリア研究所所長
樋口くみ子　早稲田大学オーストラリア研究所招聘研究員
編著

オセアニア出版社

序言

本書は、持続可能性を意味するサスティナビリティから、オーストラリア研究を捉えようという新たな試みである。サスティナビリティ学（Sustainability science）とは、エコロジー、経済、政治、文化などに関する人類の文明活動が、将来にわたって持続できるかどうかを表す概念で、グローバルなビジョンを構築するための基礎として提唱された超学的な学術領域である。

一九八七年に、「環境と開発に関する世界委員会」（World Commission on Environment and Development）が発行した最終報告書 "Our Common Future"『地球の未来を守るために』において、「現在の世代の欲求も満足させるような開発」が取り上げられた。その後、二〇一五年の国連総会において、地球環境や経済活動、人々の暮らしなどを持続可能とするために、「誰も置き去りにしない（leaving no one left behind）」を共通の理念に、すべての加盟国が、二〇三〇年末までに取り組む環境や開発問題に関する世界の行動計画（持続可能な開発目標 Sustainable Development Goals: SDGs）が採択された。

そこで提唱された「持続可能な開発（sustainability development）」の概念は、東京大学が中心となり、二〇〇六年に、全国五大学（東京大学、京都大学、大阪大学、北海道大学、茨城大学）と、協力七大学ならびに機関（国際連合大学、国立環境研究所、千葉大学、東北大学、東洋大学、立命館大学、早稲田大学）の参加によって設立された学術連携機構（Integrated Research System for Sustainability Science：IR3S）によって提唱された学術モデルともなっている。ＩＲ３Ｓの設立に主導的な役割を果たした小宮山・武内（二〇〇七）によるサスティナビリティ学の基本フレームワークとして、「人間の生存を保証する基盤」である〝地球システム（global system）〟、「人間が（生存に加えて）幸福な生活を営むための基盤」である〝社会システム（social system）〟、「健康・安全・安心・生きがいを保証するための基盤」である〝人間システム（human system）〟という、三つのシステム間の相互作用を研究対象としている。

ＳＤＧｓには、さまざまな開発目標があるが、その一例として、「あらゆる形態の貧困や飢餓の撲滅」、「あらゆる年齢の健康的な生活の確保と福祉の促進」、「すべての人々への公平な質の高い教育の提供」、「ジェンダー平等の達成と女性のエンパワーメント」、「持続可能な現代的エネルギーへのアクセスの確保」、「完全かつ生産的な雇用とディーセント・ワーク（適切な雇用）の促進」、「各国間の不平等の是正」、「気候変動およびその影響を軽減するための緊急対策」などが提唱されているが、日本が、先じて取り組むべき課題もあり、政府は、二〇一六年五月に、安倍晋三首相を本部長とする、持続可能な開発目標推進本部を設置した。

これからは、「持続可能性（sustainability）」という、新しいコンセプトで、重層的・複合的に考察することが求められるが、そのためには、従来の文系・理系といったカテゴリーや、地域、自然科学、人文社会科学といった領域研究では、分析かつ考察しにくいグローバルで学際的な課題を、新たなパラダイムで捉え直す視点を醸成させなければならない。サスティナビリティは、従来のディシプリンを否定したり、競合させたりするものではなく、これまでの専門領域だけでは、到底解決できない課題と、どのように対峙すべきかを考える上で、有効な捉え方であり、現代および将来の課題解決に寄与しうるものである。ただ、この新たなディシプリンは、決して万能な学問体系ではないため、さまざまな課題の検証への応用が必要となる。

本書は、前掲した小宮山・武内によるサスティナビリティ学の基本フレームワークに則って、「第一部　人間と生存保証〝地球システム（global system）〟とサスティナビリティ」、「第二部　人間と権利追求〝社会システム（social system）〟とサスティナビリティ」、そして、第三部　人間と生きがい〝人間システム（human system）〟とサスティナビリティから構成されている。

第一部は、気候変動、生物・環境、非核政策などをテーマとした「人間と生存保証」に関する論文が掲載されている。堤は、「気候変動と自然災害が人間社会へもたらす影響」と題し、ＳＤＧｓのアジェンダのうち、「目標十一：都市と人間の居住地を包摂的、安全、レジリエントかつ持続可能にする」や「目標十三：気候変動とその影響に立ち向かうため、緊急対策を取る」に関わるものとして、オーストラリアの人口が、平均して、年一・五パーセント以上の増加率で拡大する一方で、それに追いつかないインフラ整備、都市交通の慢性的な混雑、主要道路の大渋滞、たびたび起こる停電など、山積する課題を紹介している。また、この国の基幹産業が直面する温室効果ガスの排出の削減を例に、容易ではない取り組みを検証している。

続く水野は、「海洋環境のごみ問題とオーストラリアのごみ処理の現状」と題する論考の中で、海洋のごみ問題に焦点を当て、巨大化する都市と、拡大する使い捨て生活によって発生する大量の廃棄物は、現代社会が抱える重要な問題であると警鐘している。それらの自然環境や野生動物、ひいては人への影響、そしてオーストラリアが抱えるごみ処理の問題をサステイビリティの観点から考察している。村上は、二〇一一年三月におきた東京電力福島第一原子力発電所の爆発後、次世代を担っていく子どもや若者たちが「フクシマ」においてどのような扱いを受けてきたのかを、当該地域で教鞭を執る立場から振り返り、オーストラリア関係者がどのように関わってきたのかを論じるとともに、「地球社会の持続可能性」を考える上での教訓を発している。あわせて、日豪関係史を専門とし、オーストラリア関係者がどのように関わってきたのかも、併せて論述している。そして、原田は、オーストラリアの最後の捕鯨の町として知られる、ウェスタンオーストラリア州の港町、アルバニーを題材に、「最後の捕鯨の町」と認識されてきた町から、アンザック発祥の地としてのアイデンティティ・シフトを試みたプロセスに注目するとともに、「名誉な過去」と「不名誉な過去」について考察している。

第二部は、人間と権利追求〝社会システム〟に関して、三編の論考を集めた。

太平洋島嶼地域の発展のために水産業と観光業が鍵を握ると指摘する多田は、太平洋島嶼国への援助に重点を置くオーストラリアの政策に注目した。東南アジアを主対象として産業インフラの形成に重点を置いて援助を進めてきた日本は、その経験を十分に活かすべく、持続的な支援や発展のためには、「行政が効率的に機能する被援助国のグッド・ガバナンス」を念頭に置くべきであると提言している。宮崎は、「公衆衛生とサステイナビリティ―オーストラリアのたばこ規制の取り組みを例に―」において、「あらゆる年齢のすべての人々の健康的な生活を確保し、福祉を促進する」という、ＳＤＧｓの目標の下、全世界で関心が高まるたばこ規制について、オーストラリアを例に、将来の世代の欲求を満たしつつ、現在の世代の欲求も満足させるような開発課題の一つとして、公衆衛生の観点から日豪比較を試み、概観した。そして、樋口は、「持続可能な不登校の子どもの教育保障に向けて―オーストラリアの『孤立した子どもたちへの支援策』に学ぶ―」という論考の中で、放送学校（School of Air）や人工衛星による遠隔地教育など、へき地教育の最先端を走ってきたオーストラリアにおける、「孤立した子どもたちへの支援策」に着目し、連邦レベルでの「孤立した子どもたちへの支援策」と、それに関連する州レベルでのへき地教育施策とを検証し、日本の教育への示唆を導き出した。

第三部は、人間の生きがいに焦点を当て、移民社会、都市社会、市民・多文化社会などの観点から考察している。長友は、「移民コミュニティのサステイナビリティ―転換期にある在豪日本人社会を事例として―」の中で、在豪日本人社会を事例としたフィールドワークを基に、エスニック・コミュニティのサステイナビリティについて、凝集性をめぐるダイナミズムに着目した。さらに、エスニック・コミュニティが、移住者たちにとって何を意味するのか、二世や三世が増加する状況の中で「コミュニティ」のサステイナビリティは、いかなる展開を見せるのかにも注目している。ミドルクラス移民としての特徴を強く有する集団としてのシドニー在住日本人永住者コミュニティを事例として、この問いを考察した塩原も、「移住者がサステイナブルになる」という変容を、「移住先に根付く」という観点から捉え、コミュニティの制度化・活用と、日系移民としての根付いたコスモポリタニズムや、オーストラリアに根付くことということは、どういう意味かを、サステイナビリティという観点から読み解いている。

福田は、メルボルンが、英国誌・エコノミストの調査部門エコノミスト・インテリジェンス・ユニット（EIU）が発表する「世界で最も住みやすい都市」のランキングで、六年連続第一位を獲得した都市であることに注目し、市民の目線で継続的に取り組まれているプロジェクトを紹介しながら持続可能な都市や地域社会について考察している。その結果、持続可能な都市や地域社会を実現するには、「ワクワクするような仕掛けをタイミングよく導入しながら、街の魅力を創造していく必要がある」と結論付けている。

佐和田は、「演劇における環境のサステイナビリティ」と題する論考で、オーストラリアでは、環境のサステイナビリティについて、どのような取り組みがなされているのかを、演劇作品を例に紹介している。最後に、ストックホルム大学やコーネル大学での人類学研究、さらに、日本や東アジアの市民社会、社会運動を研究対象としてきた小川は、「研究者と当事者（研究対象のコミュニティや組織のメンバー）が、前向きの変化を起こしていく社会調査」である「アクションリサーチ」に注目し、そうした研究とサスティビリティの関連を考察した。

編者が在職する早稲田大学でも、日本および欧米、ならびに環太平洋諸地域が、先んじて取り組むべき地球規模の課題を、特定の学部だけでは扱いにくい、従来の枠組みを超えた、持続可能な現代と将来の開発課題として、自然科学・人文社会科学双方から取り上げ、学生と共に検証する動きが出ている。具体的には、リベラルアーツやアカデミックリテラシーなどの科目を全学に提供する教育機関である、グローバルエデュケーションセンターにおいて、編者がコーディネーターとなり、二〇一八年度から、学際的副専攻として、「サスティナビリティ学：現代から未来につながるグローバルな開発課題を考える」を新たに設置する運びとなった。そこで取り上げられる課題は、環境、生命科学、生態、気候変動、再生可能エネルギーの他、地域、言語政策、ジェンダー、経済、文

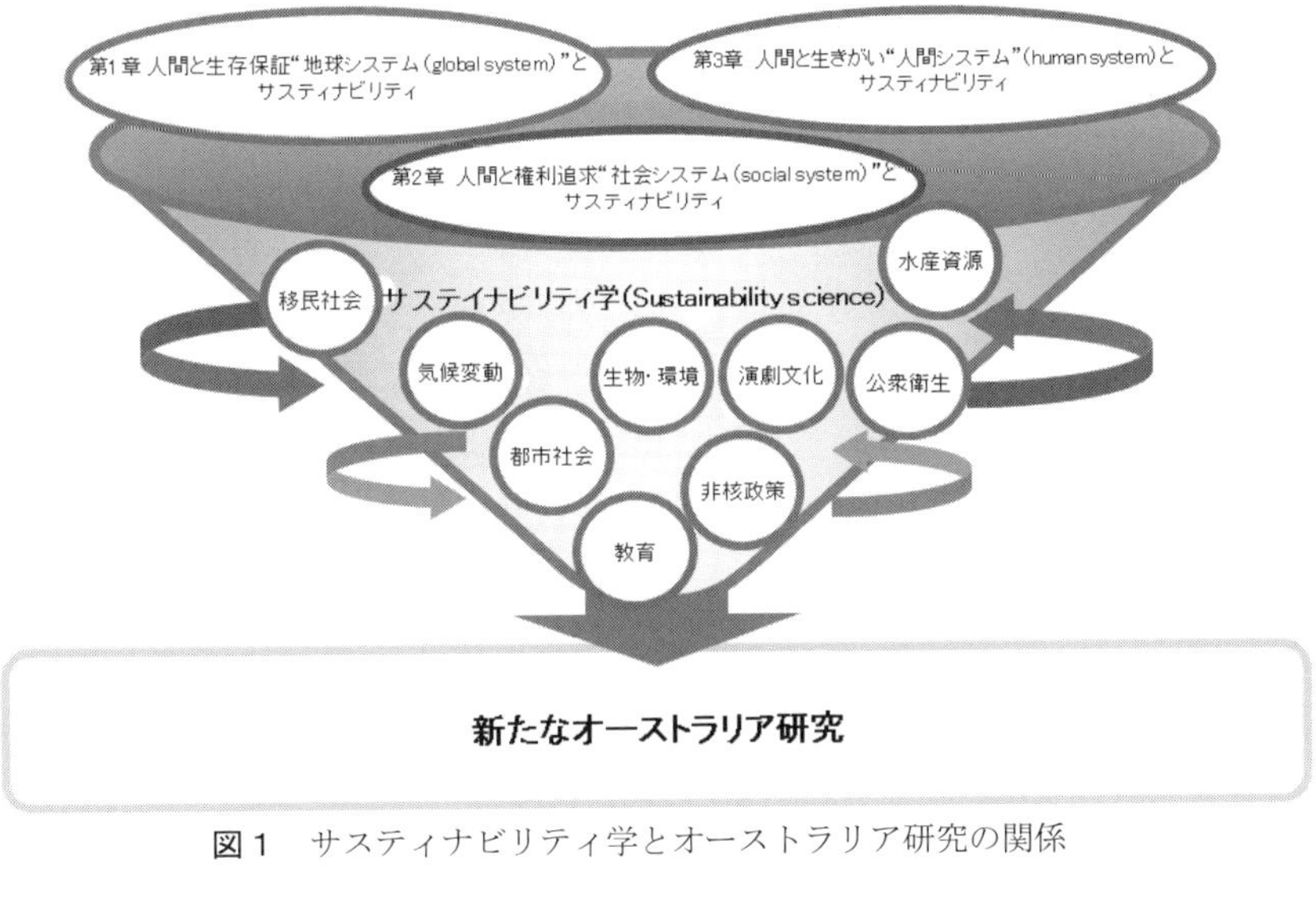

図１　サスティナビリティ学とオーストラリア研究の関係

化、移民、スポーツなど多岐にわたっているため、ほぼ、全学部に在籍する学生が、履修対象となる、この専攻科目は、新たなパラダイムで捉え直す視点を醸成させると共に、新しい課題を、「持続可能性（sustainability）」という、新しいコンセプトで、解決する能力を修得させることを目的としている。この新たなディシプリンは、決して万能な学問体系ではないが、さまざまな課題の検証への応用を試みることにより、現代および将来の課題解決に、どのように活かすべきかを考えてもらいたいという意図を含有している。

以上の研究論文紹介から、現代社会の様々な課題検証を、持続可能性という観点から解き明かすことは、さまざまな学問分野の問題を、より学際的に考察する訓練になることが分かる。本書で紹介した、第一部から三部までで扱ったトピックは、新たなオーストラリア研究の可能性を示唆する試みとして、高く評価できるはずである。サスティナビリティ学とオーストラリア研究の関係は、前頁のように図示できる。

最後に、本書を刊行するに当たって、早稲田大学オーストラリア研究所の招聘研究員である、大阪経済法科大学の樋口くみ子氏には、編集について、さまざまなお力を貸していただいた。ここに厚くお礼申し上げる次第である。さらに、オセアニア出版の西よし乃さんにも、遅筆、編集の遅れに、我慢強くお待ちいただいた。ここに感謝申し上げたい。

二〇一八年春暖

編集代表　宮崎里司

目次

第 *1* 部
人間と生存保証
“地球システム（global system）”とサスティナビリティ

気候変動と自然災害が人間社会へもたらす影響

堤　純

一　オーストラリアの自然環境概観

オーストラリアは一つの大陸に一つの国しか存在しない世界で唯一のケースである。「世界最大の島」とも、逆に「世界最小の大陸」とも呼ばれる。国土面積は約七百七十万平方キロメートルに及び、これはアラスカ州を除くアメリカ合衆国（約八百十一万平方キロメートル）に匹敵する大きさ、そして日本の約二十倍の大きさである。

大陸の東側には二千キロメートル以上にわたって連なるグレートディヴァイディング山脈が南北に走り、大陸の中央から北西にかけての一帯は砂漠が広がり、その面積は国土全体の約三分の二に相当する（次頁　図一）。グレートディヴァイディング山脈の南東部に、オーストラリアの最高峰であるコジウスコ（Mt. Kosciuszko）山（二千二百二十八メートル）がある。ここは冬季には積雪もみられ、辺り一帯はオーストラリアアルプスと呼ばれている。オーストラリアアルプスを水源とする河川はいくつかあるが、どれもみな積雪とその雪解け水のおかげで豊かな水量を誇っている。乾燥の激しいオーストラリアにとっては、オーストラリアアルプスの周辺は、まさに貴重な水源となっている。

オーストラリア大陸は、大きなオーストラリアプレートのほぼ中央に位置しており、他のプレート境界から数千キロメートル離れている。このため、地震の揺れそのものによる被害をほとんど受けることのない安定した地質構造をもっている。北側のユーラシアプレート側ではインドネシア、東側の太平洋プレート側ではパプアニューギニアやニュージーランドなどが位置し、マグニチュード八を越えるような大地震がたびたび発生して甚大な被害に見舞われることとは対照的である。

オーストラリアは地質構造が安定しているため、日本やニュージーランドでみられるような激しい地殻変動が過去にほとんどみられなかった。そのため、古い地質構造で知られるグレートディヴァイディング山脈を除けば、大陸の大部分は起伏の少ない平地かなだらかな丘や高原が広がっている。オーストラリアの大部分の地域には雨雲を遮る高い山脈がなく、雨雲はオーストラリアに雨をもたらすことなく海上に出てしまうことが多い。また、オーストラリア大陸が位置する南緯十〜四十五度の範囲のうち、とくに南緯二十〜三十五度のあたりは亜熱帯高圧帯とよばれる雨の少ない乾燥した緯度帯に相当する。オーストラリアの内陸に広大な砂漠が広がっている理由は、地形上の特徴から降雨につながりやすい山沿いの土地がほとんどないこと、また、地球上でもっとも雨の少ない緯度帯に位置していること、といった複数の理由が重なって極端に雨の少ない地域になっているためである。

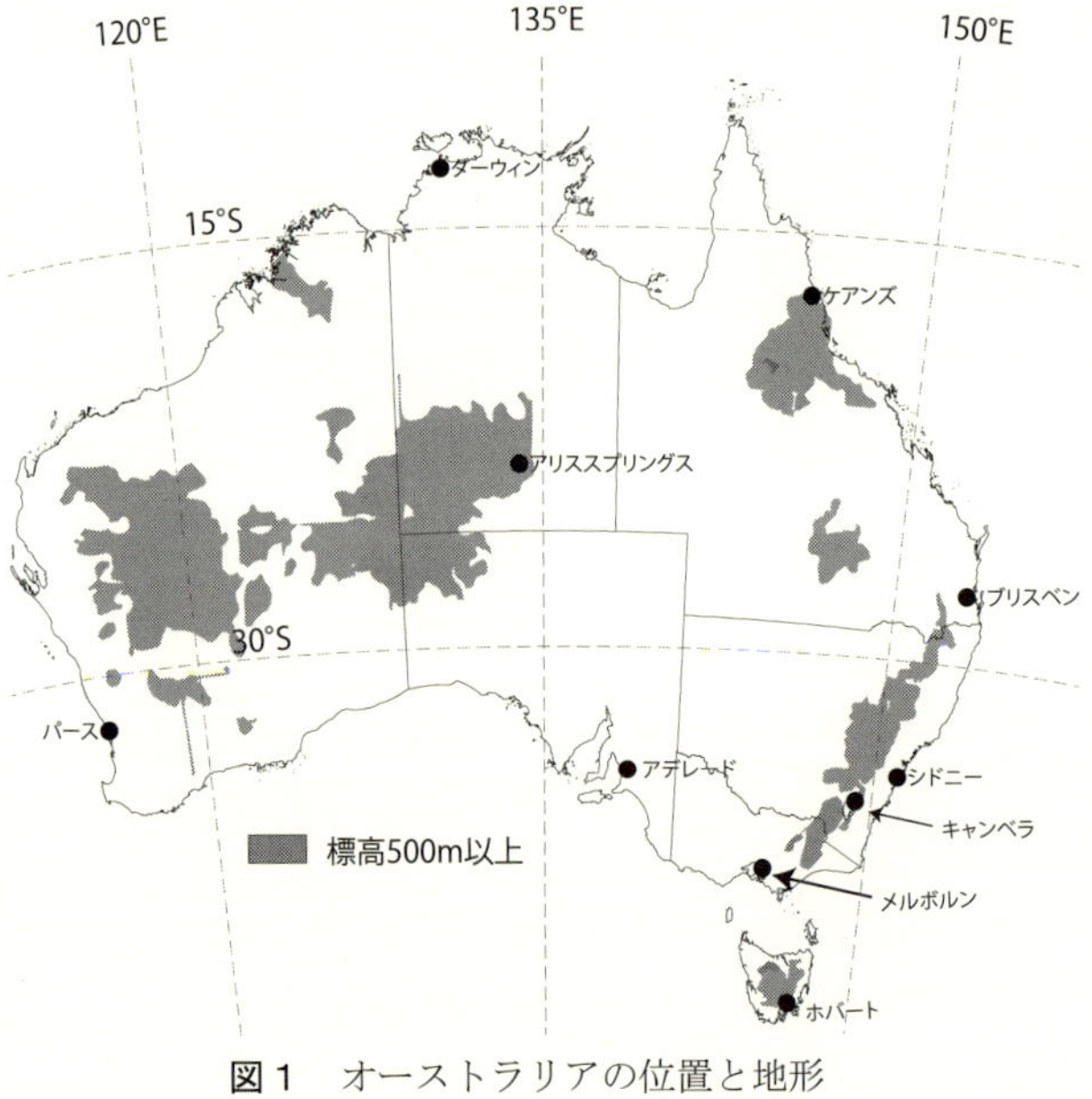

図１　オーストラリアの位置と地形

実は、世界の大陸の中で最も乾燥している大陸は南極大陸である。南極では、極寒あるいは寒冷な気候ゆえに飽和水蒸気量が少なく、空気中に漂うことのできない水蒸気は、氷雪となって地上に蓄積している。冷凍庫の中で水分がフリーズドライされて霜となり、庫内の壁一面に張り付く現象は日常的に月にするが、まさに南極はこの状態である。一方オーストラリアは世界で二番目に乾燥した大陸である。しかし、人間が日常的に暮らす大陸という視点にたてば、オーストラリアは間違いなく世界で最も乾燥した大陸ということができる。

二　さまざまな気候

一つの国で一つの大陸を「独占」しているのはオーストラリアだけである。オーストラリアは広大な国土をもつため、気候は多様である。

北部のダーウィンとヨーク半島北部は熱帯気候区に属し、雨季（夏季）と乾季（冬季）がはっきりしたサバナ気候である。そこから東海岸に沿ってケアンズ周辺のクィーンズランド州北部は一年を通して雨が多く降る熱帯雨林気候である（図二）。ケアンズの郊外に広がるキュランダ国立公園は、観光用の列車（Kuranda Scenic Railway）に乗って豊かな植物相を楽しむ人たちからの人気が高い。クィーンズランド州南東部とニューサウスウェールズ州の東部は、もっとも過ごしやすい温暖湿潤気候で

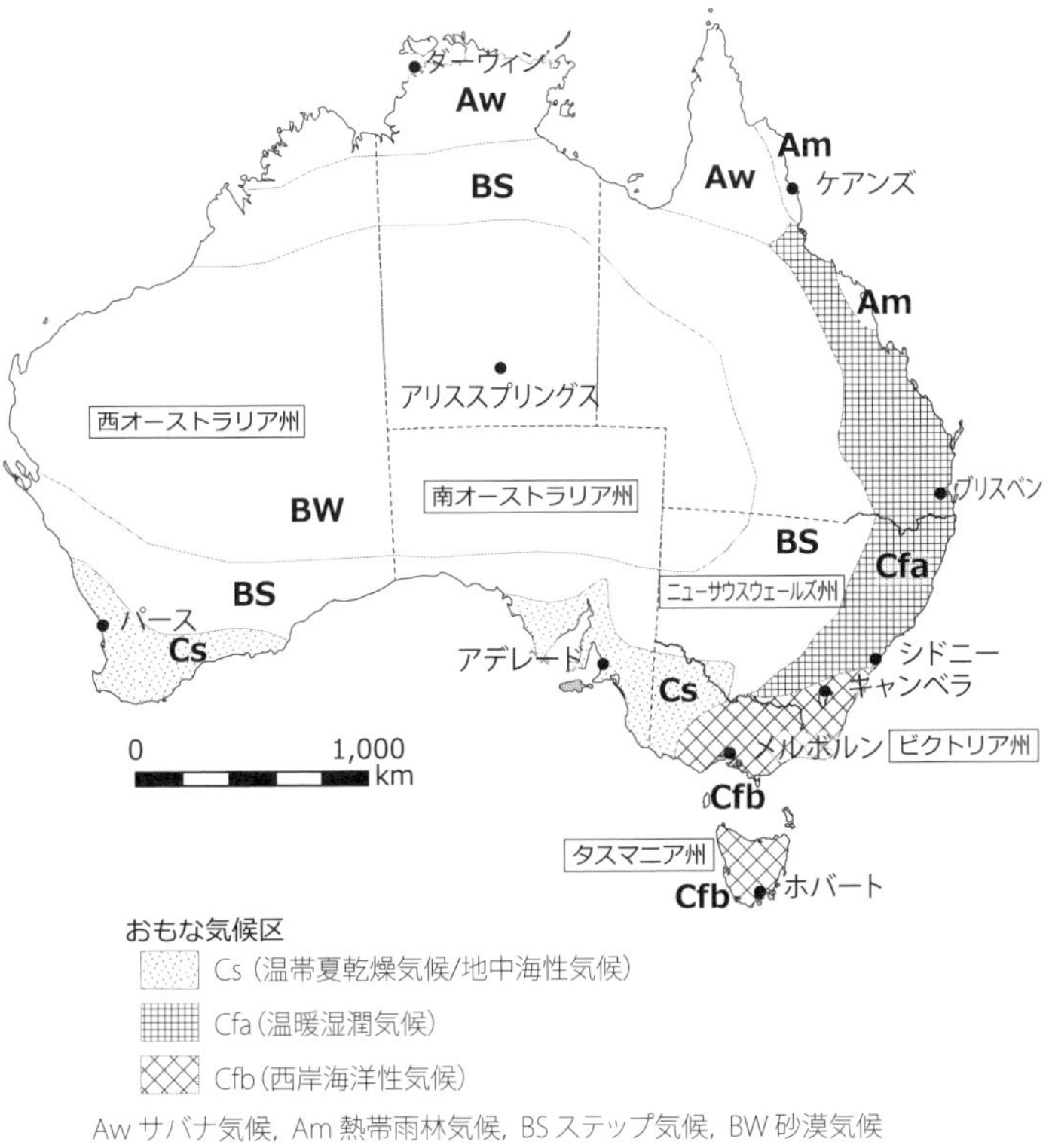

図2　オーストラリアの気候

ある。例えばシドニーの年平均気温は約十八・一度、年降水量は千二百ミリ程であるが、これは日本でいえば瀬戸内海沿岸の岡山や松山などの気候に近い値である。オーストラリアの東海岸に沿って南下すると、ヴィクトリア州やバス海峡を挟んで対岸に位置するタスマニア島などは、降水量には比較的恵まれるが気温がやや下がり、西岸海洋性気候となる。これは、西ヨーロッパの大部分が属する気候帯と同じである。

一七七〇年にジェームズ・クック船長がオーストラリアを「発見」したが、その際に上陸したボタニー湾は現在のシドニー空港の対岸の岬である。このように温暖で快適な気候の場所から植民地政策が始まったことは、偶然の要素はあるとはいえ、その後の植民地政策に大きく影響したことは想像に難くない。具体的には、アメリカに代わる植民地を求めていた当時のイギリスにとって(1)、カナダやインド、アフリカの植民地にはない、温暖で豊かな森が広がっていたオーストラリアの南東部は、植民地としてさぞかし魅力的に映ったと思われる。

三　エルニーニョ

エルニーニョ現象とは、太平洋赤道域の日付変更線付近から南米沿岸にかけて海面水温が平年より高くなり、その状態が一年程度続く現象である。逆に、同じ海域で海面水温が平年より低い状態が続く現象はラニーニャ現象である(2)。オーストラリアの気候にとって大きな影響が及ぶのは、とくに、エルニーニョ現象が顕著な時である。エルニーニョ現象は三～八年おきに起こり、ひとたびこの現象が発生すると、オーストラリアは深刻な旱魃に見舞われることが多い。エルニーニョ現象により南米沿岸にかけて海面水温が平年より高くなると、オーストラリア周辺の海水温との差が小さくなる。このことは、海面水温だけの変化にとどまらず、地球上の大気の大循環にも大きな影響を及ぼす(3)。

詳しくみると、エルニーニョ現象に見舞われた年は、貿易風が弱まり、また海流も弱くなる結果、オーストラリアの東海岸の海面水温が結果的に平年よりも低い状態となる。海面水温が低いと、雨をもたらす上昇気流が起こりにくく、平年では雨には比較的恵まれている東海岸一帯の雨が少なくなる。その結果、深刻な旱魃があちこちで発生してしまう。空気の異常な乾燥が続くと、南東部の森林地帯ではブッシュファイアーの危険性が高まってしまう。

四 ブッシュファイアー

前述のように、オーストラリアは地質構造的には極めて安定した大陸であり、大地震や津波の被害に遭うリスクはほとんどない。また、サイクロン（熱帯低気圧）については、クイーンズランド州北部やウェスタンオーストラリア州北部の低緯度帯においてリスクはあるものの、南東部の人口密集地帯に甚大な被害を及ぼすことは稀である。このような中、オーストラリア国民にとって最も「身近な」自然災害はブッシュファイアーである。

このブッシュファイアーの危険性が高い地域は、季節によって変動する。これは、南半球の場合、春（九月）と秋（三月）の時季には亜熱帯高圧帯は南緯二十〜三十五度付近であるが、地球が太陽の周りを一年かけて公転する間に、この亜熱帯高圧帯の実際の位置が季節変動するからである。具体的には、地球は自転軸が二十三・四度傾いた状態で太陽の周りを公転している

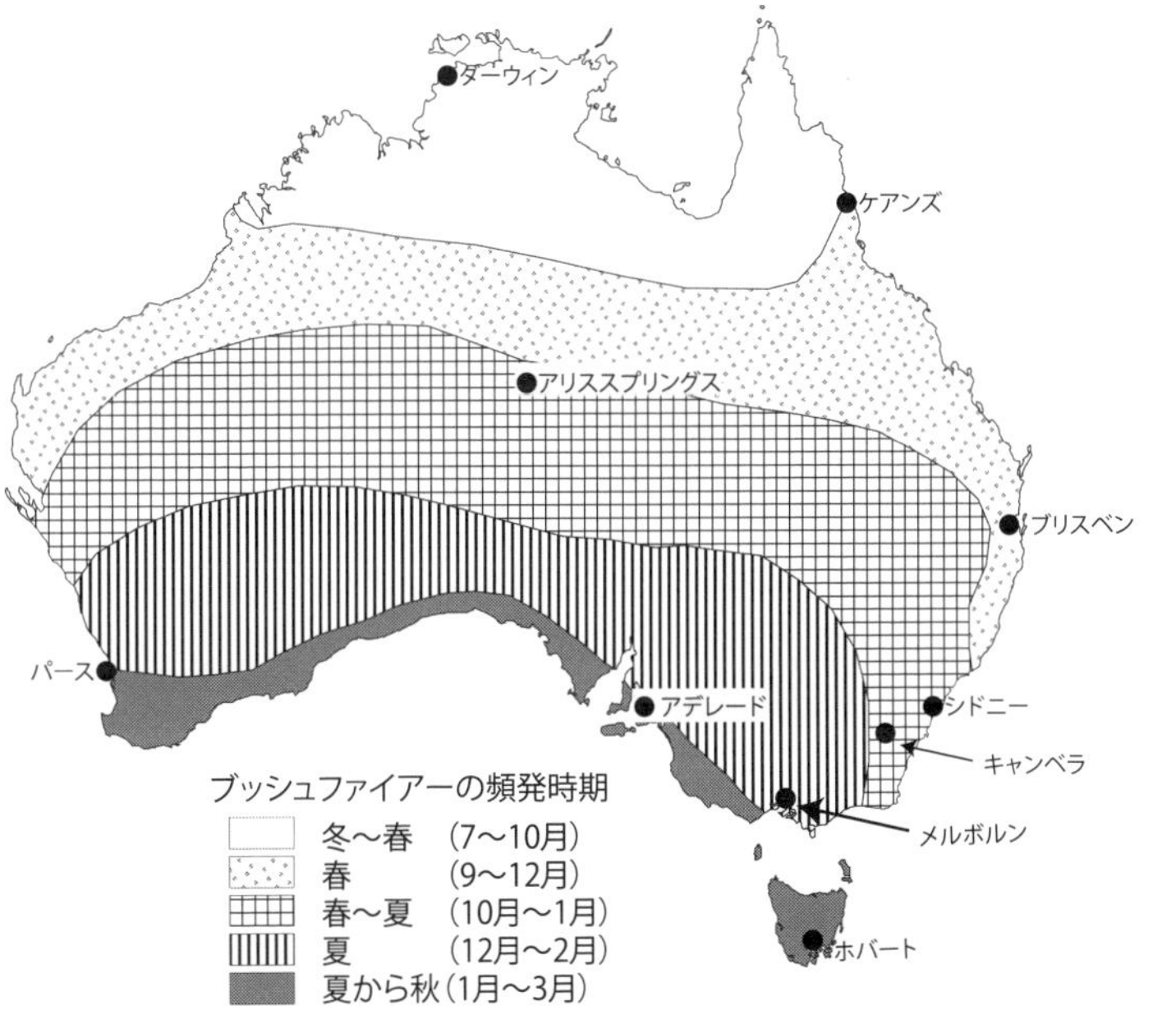

図３　ブッシュファイアーの発生時期

ため、春（九月）と秋（三月）は赤道（緯度〇度）が最も太陽からの日射量が多く、そこから緯度が相対的に二十〜三十五度が下がったあたりが亜熱帯高圧帯である。ところが、夏（十二月）には南回帰線（南緯二十三・四度）の付近が最も日射量が多く、南回帰線から緯度が相対的に二十〜三十五度下がった南緯四十五〜六十度付近が南半球の夏季の亜熱帯高圧帯に相当する。逆に冬（六月）は、北回帰線（北緯二十三・四度）の付近が太陽からの日射量が多くなるため、実際の亜熱帯高圧帯の位置は南緯〇〜十五度付近となる。

　オーストラリアでは、晩秋から初冬（四〜六月）以外は、国内のどこかでブッシュファイアーのリスクが高まっている（前頁図三）。南半球が夏を迎える十二月末には、南緯二十三・四度の南回帰線の位置を基準として、そこから二十〜三十度南側が亜熱帯高圧帯の影響を強く受ける。南緯四十度前後のヴィクトリア州とタスマニア州では一〜三月、少し緯度が北に相当するニューサウスウェールズ州では一か月ほど早い十二〜二月、南回帰線の近くでは九〜十二月あたりが最も火災の危険性が高い時期である（図四）。

　このようにオーストラリアでは、夏の最も暑い時季に、地球上で最も雨の少ない気団の影響を受けてしまう。通常の年であれば東海岸の沿岸は比較的雨に恵まれるが、エルニーニョ現象の影響を受ける年は雨が極端に少なくなるため、夏の高温と乾燥が厳しくなる。結果的に、人口密集地

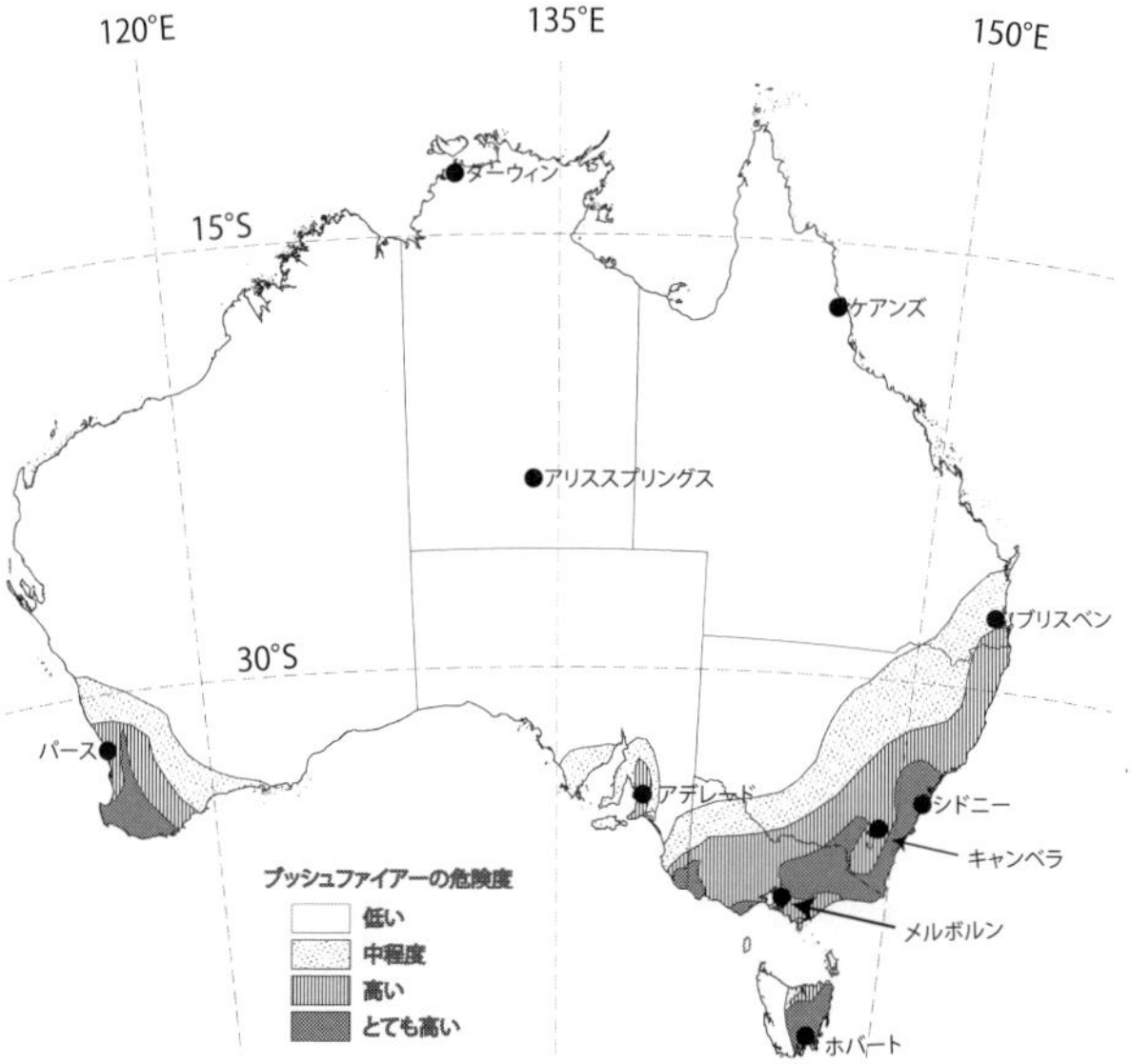

図４　ブッシュファイアーの危険度

のあちこちでブッシュファイアーに悩まされることになってしまう。

一例を挙げると、二〇〇三年一月八日にキャンベラで発生し八日間燃え続けたブッシュファイアーは、死者こそ四名にとどまったが、五百三十戸の家と十六万ヘクタールの山林を焼き尽くした。キャンベラの北西郊外の山林への落雷を原因として発生したブッシュファイアーは、高温乾燥の中、さらに北西からの強風にあおられてキャンベラの市街地の目と鼻の先まで迫る事態となった(4)。人口密集地のシドニー、キャンベラ、メルボルンなどのオーストラリア南東部は、雨の少ない年の夏は常にブッシュファイアーの危険性と隣り合わせである。このように、ブッシュファイアーは、夏季に高温乾燥の気象条件になりやすいオーストラリアでは、最も身近で起こりうる自然災害といえる。

　大都市部から郊外に車を走らせると、すぐに目に付くのは写真一のような、火災の危険度を示す看板である。平年並みの雨量がある年は、看板に設置された針は、火災の危険性が少ない緑色を指しているが、旱魃が続くような時季には針は一気に右側の赤にふれる。ここまで乾燥が進んだ場合は、ちょっとした不注意が大規模火災に発展してしまう危険性をはらんでいる。オーストラリア人が愛してやまないバーベキューをはじめ、タバコなど、実際に火を使う行動については厳しく制限される。

写真１　火災リスクを知らせる道路脇の看板

五　ブラック・サタデー

オーストラリア南東部（ニューサウスウェールズ州南部からヴィクトリア州にかけて）では二〇〇二年頃から雨の少ない状態が続いていた。とくに、二〇〇六年一月から二〇〇九年一月にかけては記録的な小雨（所により、平年の十パーセント程度）となっていた。加えて、二〇〇九年一月二十七日から二月七日までの十二日間のメルボルンの最高気温が三十度を超えた日が十日間、とくに四十度を超える日も四日間記録した（四十三・四度、四十四・三度、四十五・一度、四十六・四度）。

二〇〇九年二月七日（土）にヴィクトリア州で発生したブッシュファイアーは、オーストラリア史上最悪の火事の一つとなってしまった。当日のメルボルンの最高気温は四十六・四度と猛烈な暑さを記録し、連日の猛暑で空気がからからに乾燥していた上に、記録的な強風が重なった。このブッシュファイアーは後に「ブラック・サタデー」と呼ばれるようになった。三百か所近くで別々に火の手が上がり、火災は一週間以上続いた。強風にあおられた火は時速百キロメートル以上で山肌を襲った。メルボルンの北約六十キロメートルに位置するキルモア（Kilmore）周辺から出火した火は北西からの強風にあおられて延焼し、その日の夕方にはキングレイク（Kinglake）に達した。寒冷前線の通過後に南西からの風に変わった後には火事はさらに東に進み、メルボルンの北東約八十キロメートルのメアリーズヴィル（Marysville）にまで達した。この未曾有のブッシュファイアーは、二千戸以上の家を焼き尽くし、百七十三名の死者と五百名の負傷者を出す惨事となった。延焼範囲は四十五万ヘクタール（山梨県や京都府の面積に相当）にもおよび、家畜や野生動物の多くも被害にあった(5)。

二〇〇九年二月のブラック・サタデーのブッシュファイアーは、一九八三年二月十六日にヴィクトリア州とサウスオーストラリア州を襲い七十五名の死者を出したアッシュ・ウェンズデー、一九三九年一月十三日にヴィクトリア州で発生し七十一名の死者を出したブラック・フライデー、一九六七年二月にタスマニア州で発生し六十二名の死者を出したブッシュファイアーなど、オーストラリアの自然災害史上に残るブッシュファイアーの被害規模を大きく上回る火事であった(6)。

六　ブッシュファイアーとユーカリについて

ブッシュファイアーは、まさに野山を焼き尽くすものである。ひとたびブッシュファイアーが起こると、殆どの動植物は焼け出されて逃げ出すか、死滅するかのいずれかである。しかし、オーストラリアの森ではどこでも見かけるユーカリの木（呼び名はGum treeやEucalyptus、総称してMountain Ashなど）およびバンクシアなどのいくつかの耐乾性の植物は、ブッシュファイアーに関して他の植物と事情が異なる。それは、ユーカリやバンクシアはブッシュファイアーの手助けを借りて子孫を残す特徴があることである。

ブッシュファイアーは、長時間留まって一か所を焼き尽くすというよりは、斜面を駆け下りながら高速で移動するものである。このブッシュファイアーに晒されている時間だけ種子を守ることができれば植物は子孫を残すことができる。ユーカリの木は、種子を包む固くて熱に強い殻をもっており、ブッシュファイアーの火勢を耐え凌ぐことができる。ブッシュファイアーの後の殻（seed pod）からは、一ヘクタール当たり推定で二十万～二十五万粒のユーカリの種子が播かれた状態になる。約六十パーセントはアリのエサとなるが、残りは自然界の中で発芽して成長してゆく。ユーカリの種の中には、ブッシュファイアーで焼かれなくても発芽するものもあるが、殆どのケースにおいて、高木に阻まれて十分な日照を得られなかったり、森の中の菌類・微生物の環境に適応できなかったり、昆虫類に捕食されたりといった理由から、ユーカリだけが優先的に拡大することはできない。ブッシュファイアーにより「焼畑」の環境が作り出され、動植物相が一度「リセット」された森に放たれる新たな種子から、ユーカリは子孫を拡大させている。これは、まさに、驚くべきユーカリの生存戦略である(7)。オーストラリアの森はユーカリばかりが目立つ印象があるが、それはほかでもない。かつてその森がブッシュファイアーを経験した「証拠」である。

七　集中豪雨と洪水

夏季を中心とした十一月〜四月頃は、南緯十〜二十度前後の海面水温が高くなる。この時期は熱帯性のサイクロンの影響を受ける。平均では毎年十個前後の熱帯性のサイクロンがオーストラリアの近海で発生し、そのうちの六個程度が上陸する[8]。しかし、近年の海面水温の上昇傾向により、ケアンズやタウンズビルを含むクィーンズランド州北東部やブルームを含むウェスタンオーストラリア州北西部において、熱帯性のサイクロンの襲来が平年よりも多くなる傾向がみられる。

その一方で、時として想定の範囲を超えるような大洪水に見舞われることも珍しくない。例えば、二〇〇九年にクィーンズランド州を襲った洪水の原因は、シャーロット（Charlotte）とエリー（Ellie）というサイクロンおよび水蒸気を大量に含んだモンスーンにより、タウンズビルからケアンズにかけての海岸沿いから州西部の内陸部にかけて史上最高を記録する豪雨に見舞われたためである。クィーンズランド州北西部を流れるジョージーナ川やディアマンティーナ川の水は内陸部を南流して、サウスオーストラリア州のエーア湖（Lake Eyre）に流れ込んだ。これにより、日本の面積の二・五倍に相当する約百万平方キロメートルを超える広大な範囲が洪水の影響を受けた[9]。

こうした集中豪雨の発生のメカニズムは、前述した海面水温の上昇と亜熱帯高圧帯の動きとも関係が深い。具体的には、亜熱帯高圧帯の付近は下降気流を伴う高気圧帯であるが、この緯度帯の北側と南側は大気大循環の影響を受けて、逆に上昇気流が起こりやすい。亜熱帯高圧帯の位置が例年よりも北や南に若干ずれることにより、通常では雨が少ない地域が集中豪雨に見舞われたり、逆に例年は比較的雨が降る地域で旱魃が起きるといった影響が及ぶ。

また、都市型洪水の危険性も増している。下水道および排水施設の能力を上回る大量の雨が、都市部に、かつ短時間に降った場合は、市街地内の標高の低い部分が冠水する被害につながる。二〇〇〇年以降の比較的近年においても、メルボルンやブリズベンなどの大都市部でも深刻な洪水被害が発生した。

資源ブームに後押しされて長期的な経済成長を続けるオーストラリアでは、大都市部を中心に急速な人口増加が続いている。住宅開発にはあまり適さないような河川沿岸の土地や標高の低い土地にまで住宅が建設された結果、こうした集中豪雨の発生によって洪水の被害に遭うことは珍しくなくなっている。

八　森林の減少と塩害化の増大

一七八八年のイギリスによるオーストラリアの領有宣言当時は、大陸面積の約十パーセントは森林だったが、入植が進み、ヨーロッパ的なライフスタイル（牧羊と放牧地、小麦栽培）が拡大するにつれ、森林の伐採が進んだ。現在ではオーストラリアの森林面積は大陸全体の五パーセント程度にまで落ち込んでいる(10)。

その結果、野生動物のすみかとなる森林の面積が著しく減少し、野生動物にも深刻な影響を与えてしまった。こうした人為的な開墾による森林減少に加え、前述のようなブッシュファイアーは、オーストラリアのどこかの森で毎年のように発生している。野生動物の生息域の環境は大きく変貌している。

また、人間活動の影響による自然災害の例として、塩害化も挙げることができる。森林が十分に発達していれば、地下水面は地表から深い部分に安定しており、植物は安定して生育できる。しかし、乾燥の著しいオーストラリアでは、牧草地を作るために樹木を伐採したり、潅漑農業のために大量の水を地下から汲み上げることにより、地下水面が上昇する傾向にある。こうして地下水を多く汲み上げるような潅漑農業が拡大して地下水面が上昇すると、母岩から塩分が地下水に溶け込みやすくなってしまう。こうした塩分を含んだ地下水を多く汲み上げることで深刻な塩害が起こり、結果的に地表面の植物は枯れ、ますます植生が乏しくなってしまう(11)。

さらには、乾燥が進んだ乾いた大地では、土壌浸食の問題も深刻である。植生の被覆のない乾いた大地は、風による浸食や、雨の後に一時的に出現する小河川によって土壌の浸食が進む。こうした土壌浸食にさらに悪影響を及ぼすのがウサギの存在である。ウサギは地表面の草を食べてしまうという一時的な影響にとどまらず、地下に巣穴を掘るため、こうして出来た無数のウサギの巣穴は、雨の後に水がしみこみやすく、結果的には他の場所よりも早く土壌が浸食されていく。南回帰線よりも南側の範囲はほぼ全域がウサギの影響を受ける[12]。

こうしてみてきたように、オーストラリアはさまざまな自然災害に見舞われていることがわかる。しかし、ここで改めて自戒を込めて見つめ直さなければいけないことは、森林伐採や無理な住宅開発といった人間活動の影響が、少なからず自然災害の被害や影響の深刻さを増大させてしまっていることであろう。

九　持続可能な開発のための二〇三〇アジェンダとの関連

本章で述べてきた内容は、国際連合が主導して世界で取り組みが行われている持続可能な開発のための二〇三〇アジェンダの中の、「目標十一：都市と人間の居住地を包摂的、安全、レジリエントかつ持続可能にする」や「目標十三：気候変動とその影響に立ち向かうため、緊急対策を取る」に関わるものといえる。

オーストラリアの人口は、白豪主義が堅持されていた一九六九年には千二百二十六万人であったが、多文化化の進展やアジア太平洋諸国との社会経済的なつながりの増加により多くの移民が増えた結果、二〇〇一年八月には千八百九十七万人（国勢調査）、二〇一七年五月には二千四百四十六万人（オーストラリア統計局）にまで増加している。これは、二〇〇〇年以降でみても、毎年三十万人〜三十五万人のペースで人口が増加し続けていることを示している。大陸全土という広大な国土に比べれば二千五百万人程度という総人口はそれほど多くは聞こえないかもしれないが、平均して年一・五パーセント以上の増加率で急拡大する人口に追いつかないインフラ整備、都市交通の慢性的な混雑、主要道路の大渋滞、たびたび起こる停電など、課題は山積していると言ってよい。上述のような都市型洪水の頻発や、大都市から一時間もかかるような地域での住宅開発は、ブッシュファイアーの危険とも隣り合わせであり、持続可能な開発の理念からは程遠い。

さらに、気候変動に対応した取り組みとしては、実は、オーストラリアが世界のイニシアチブを取る大きなチャンスがあった。二〇〇七年に政権交代して誕生したオーストラリア労働党のラッド首相は、次の首相となったギラード首相とともに労働党政権として地球温暖化対策に前向きに取り組んできた。一九九七年十二月に京都で開催された地球温暖化防止京都会議（COP3）の後、労働党政権は京都議定書を批准し、温室効果ガスの排出を削減する取り組みに着手した。とくに、温室効果ガスの排出が大きいエネルギー関連を中心とする二酸化炭素排出量の多い企業（上位約五百社）に炭素税を課したが、生産コストの上昇につながるとして企業側からの猛反発を受けた。二〇一三年の総選挙で自由党・国民党の保守連合政権が政権に返り咲くと、この炭素税は真っ先に廃止された(13)。

持続可能な開発のための二〇三〇アジェンダの目標十三では、温室効果ガスの削減を強く求める目標が掲げられている。オーストラリアは現在でも、二〇二〇年までに温室効果ガスの排出を二〇〇〇年比で五パーセント削減するという目標は取り下げていない。オーストラリア環境省のデータによれば、オーストラリア全体でみると、産業別にはエネルギー部門（七十四パーセント）と農業部門（十六パーセント）で大半の温室効果ガスを排出している(14)。しかし、いずれもオーストラリアの基幹産業であるだけに、削減に向けた取り組みは容易ではない。

注

(1) 竹田いさみ『物語オーストラリアの歴史――多文化ミドルパワーの実験』中公新書、二〇〇〇年。
(2) 気象庁（http://www.data.jma.go.jp/gmd/cpd/data/elnino/learning/faq/whatiselnino.html 二〇一七年五月十七日最終閲覧）。
(3) オーストラリア気象局（http://www.bom.gov.au/climate/updates/articles/a008-el-nino-and-australia.shtml　二〇一七年五月十七日最終閲覧）。
(4) Pearson Education Australia. Collins-Longman Atlases 5th Edition, Pearson Education Australia, 2005, p30 および Pearson Education Australia. Pearson Atlas, Pearson Education Australia, 2006, p60.
(5) John Wiley & Sons Australia, Ltd. Jacaranda Atlas 7th Edition, John Wiley & Sons Australia, Ltd, 2010, p162.
(6) Pearson Education Australia. Pearson Atlas, Pearson Education Australia, 2006, p60.

(7) Museum Victoria Australia（https://museumvictoria.com.au/forest/fire/germination.html　二〇一七年五月十七日最終閲覧）。

(8) Pearson Education Australia. Pearson Atlas, Pearson Education Australia, 2006, p62.

(9) John Wiley & Sons Australia, Ltd. Jacaranda Atlas 7th Edition, John Wiley & Sons Australia, Ltd, 2010, p160.

(10) Oxford University Press. Oxford Australian Student's Atlas, Oxford University Press, 1993, p13.

(11) John Wiley & Sons Australia, Ltd. Jacaranda Atlas 6th Edition, John Wiley & Sons Australia, Ltd, 2007, pp.38-39.

(12) John Wiley & Sons Australia, Ltd. Jacaranda Atlas 6th Edition, John Wiley & Sons Australia, Ltd, 2007, pp.38-39. および Rabbit Free Australia のウェブサイトによる。（http://www.rabbitfreeaustralia.com.au/rabbits/the-rabbit-problem/　二〇一七年五月十七日最終閲覧）。

(13) 玉井哲也「政権交代に伴うオーストラリアの環境関連政策の転換」（農林水産政策研究所レビュー Primaff Review、六五、八～九頁、二〇一五年。）（http://www.maff.go.jp/primaff/koho/seika/review/pdf/primaffreview2015-65-5.pdf　二〇一七年五月十七日最終閲覧）。

(14) 同前。

参照文献

竹田いさみ『物語オーストラリアの歴史――多文化ミドルパワーの実験』中公新書、二〇〇〇年。

玉井哲也「政権交代に伴うオーストラリアの環境関連政策の転換」（農林水産政策研究所レビュー Primaff Review、六五、八―九頁、二〇一五年。）

海洋環境のごみ問題とオーストラリアのごみ処理の現状

水野　哲男

一　はじめに

　赤い大地。白い砂浜。紺碧の海。そして一点の雲もない青空。朝日を全身に受けゆったり餌を食むコアラやカンガルー。イルカが波と戯れ、沖には潮を噴き上げるクジラを育む。オーストラリアには心地よい自然が広がっている。休日にはオーストラリアの多くの人々がアウトドアのアクティビティーを好み、この自然を満喫している。一方、都市には五十階を超す高層ビルが何棟も建ち、中には八十階を超す超高層ビルも建設されている。街はファッショナブルなビジネススーツに身を包み、忙しそうに移動する人々があふれ、食事どきともなればカフェやレストランでは空席を見つけることも難しい。一九九〇年代初め以降経済は持続的にプラス成長を続けており、二十五年にもわたり深刻な不況を経験することなく今日に至ったオーストラリアの姿だ。

　しかしその豊かさの陰で、健全な地球環境を脅かすいくつかの弊害が起こっている。その一つはごみなどの廃棄物による環境の汚染である。人類の繁栄の象徴の一つとも考えられる物質文明。物を長く大切に使う時代から、新製品を持つことに魅力を感じ、抵抗なく次々と物を買い替える使い捨て社会。業績を上げるため、消費者の気持ちを煽る企業やマスコミ。そのような社会からは当然のごとく大量の廃棄が起こる。また、近年ファーストフードの普及により、街角やフードコートなどのごみ箱が残飯と同時に食事を入れる使い捨て容器、フォーク、ナイフなど、主にプラスチック製品のごみで見る間に満杯になる。何十キロと続く白い砂浜もその方角や風向きにより大量のごみが海から打ち上げられ、また多くの海洋生物が漂流または漂着するごみの誤食やそれに絡まること等により深刻な被害を受けている。巨大化する都市と、拡大する使い捨て生活によって発生する大量の廃棄物は、現代社会が抱える重要な問題である。本章では海洋のごみ問題に焦点を絞り、それらの自然環境や野生動物、ひいては人への影響、そしてオーストラリアが抱えるごみ処理の問題について考察する。

二　海洋環境中のごみ

オーストラリア日本野生動物保護教育財団（AJWCEF）が本拠地としているクィーンズランド州はオーストラリアの東海岸に位置し、ウェスタンオーストラリア州に次ぐ国内第二の広さを誇る州である。オーストラリア連邦政府のジオサイエンス・オーストラリア（Geoscience Australia）によれば、その州の本土の海岸線は六千九百七十三キロメートルにも及び、州に属する島のそれは六千三百七十四キロメートルに達する。東北クィーンズランド沿岸には、世界最大のサンゴ礁地帯であるグレート・バリア・リーフ（大堡礁）があり、一九八一年には国際連合教育科学文化機関（ユネスコ、UNESCO）により世界遺産（自然遺産）に登録されている。また、東南クィーンズランド沿岸には、世界最大の砂の島として知られ、やは

写真１　北ストラッドブローク島メインビーチに打ち上げられた漂着ごみ
（出典：2014年AJWCEF海洋生物保護トレーニングコース海洋ごみ調査時に撮影）

り一九九二年に世界遺産(自然遺産)に登録された南北百二十三キロメートルのフレーザー島をはじめ、モートン島、北ストラッドブローク島、南ストラッドブローク島などの砂の島が存在し、美しい海岸線を構成している。しかし、これらの地域の広大な浜辺では、海岸の向き、海底の地形、風の方向などにより異なるものの、多種多様な廃棄物(1)が大量に打ち上げられていることをしばしば目にする（右頁写真一）。まず、この様な浜に投棄されたり、海洋から打ち上げられたごみ及び粗大ごみ（以下ごみと総称する）の状況に焦点を当ててみよう。

写真 2　北ストラッドブローク島メインビーチにおけるごみ廃棄物の調査
（出典:2014 年 AJWCEF 海洋生物保護トレーニングコース海洋ごみ調査時に撮影）

自然環境中のごみの清掃プログラムをオーストラリア全土で行っているクリーンアップ・オーストラリア（Clean Up Australia）(2)が毎年実施するクリーンアップ・オーストラリア・デーの二〇一五年度清掃活動結果報告によると、異なった自然環境地域から回収された平均ごみの数は、河川水路、森などと比べ、浜／沿岸地域が最も高かった（表一）。ＡＪＷＣＥＦはフレーザー島に次ぐ砂の島とされる北ストラッドブローク島の外洋に面したメインビーチと呼ばれる砂浜で打ち上げられたごみなどの廃棄物を独自に調査したところ（写真二）、プラスチック容器、プラスチック袋、ロープ、発泡スチロールのかけら等のプラスチックごみが最も多く、その他には金属類、紙類、布類、木類、ガラス類、ゴム類などの容器やかけらが見受けられた。この結果は二〇一五年度クリーンアップ・オー

地域タイプ	ごみ回収を行った地域数	回収したごみの数	地域ごとの平均回収ごみ数
河川水路	39	11,701	300
浜／沿岸	18	6,119	340
森	25	7,492	300

表 1　2015 年度クリーンアップ・オーストラリア・デー（クィーンズランド州）清掃活動結果報告によりごみ汚染の激しい区域例（出典：2015 Rubbish Report – Queensland, http://www.cleanup.org.au/files/qld.pdf, 2016 年 10 月 9 日参照）

ストラリア・デーの清掃活動の結果に類似している（図一）。

これらの砂浜で回収されたごみの多くは漂流／漂着ごみ（marine debris）(3)と呼ばれ、陸上で捨てられたごみが海へ流れ出したものから、海洋へ直接投棄されたものまでさまざまである。しかし、海洋に投棄された廃棄物の多くは重く、海底に沈み、また岩や珊瑚などに絡まり浜に打ち上げられることはない（海底ごみ）。かなり以前ではあるが、一九七五年にアメリカ学術研究会議（United States National Research Council）が推定した年間の海洋に流入する全ての種のごみの量は五百八十万トンであった(4)。しかし、この推定値は海洋船舶、軍の活動及び船舶事故からのごみ、すなわち直接海に投棄されたごみの量のみを基に算定されたものであった。驚くことに、海洋のごみの約八十パーセントは陸上で投棄されたのち、間接的に海へ流入したものと広く考えられており、アメリカ学術研究会議の発表以来四十年以上たった今でもその総量はよく理解されていない。

この海洋のごみのうち特に重要なごみは、浜に打ち上げられた廃棄物の調査からも分かるようにプラスチックである。前述のアメリカ学術研究会議の推定結果の発表により、船舶からの航行中のプラスチック製品の投棄は禁止されたが、今なお、意図的または偶発的な投棄は続いている。このプラスチック製品は二種に分類される。一方はトウモロコシなどからとれる澱粉、植物性油などを基に製造される生物分解性のプラスチックである。この種のプラスチックは自然界において微生物の作用により完全に消費され自然的副産物のみを生じる。他方は石油化学製品として製造されるプラスチックであり、自然界の生物的作用によりほとんど分解されない非生物分解性

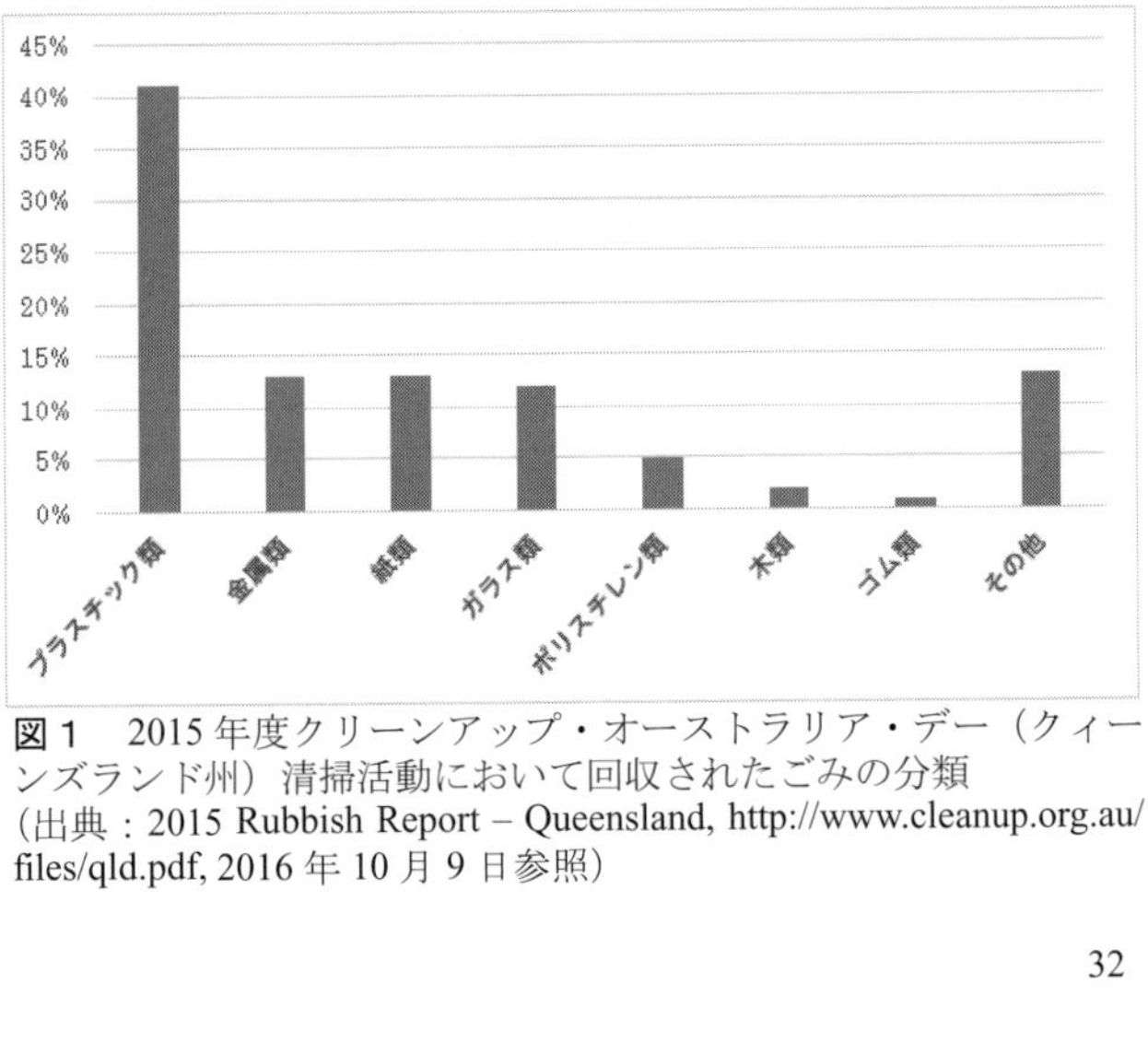

図１　2015年度クリーンアップ・オーストラリア・デー（クィーンズランド州）清掃活動において回収されたごみの分類
（出典：2015 Rubbish Report – Queensland, http://www.cleanup.org.au/files/qld.pdf, 2016年10月9日参照）

で、ただ機械的な作用により断片化され、非常に長期にわたり環境中に存在し、陸上では土壌に混ざり、海洋では海底に堆積し海底ごみとなったり、海水中を浮遊し漂流／漂着ごみとなる。この後者の非生物分解性プラスチックに起因するごみが自然環境にとって特に大きな脅威となっている。

世界におけるプラスチックの製造は一九五〇年の百七十万トンから飛躍的に増加し、二〇一二年には二億八千八百万トンとなり、六十年余りの間に実に百七十倍に達した。オーストラリアにおいて二〇一〇年から一年間で約百四十三万三千トンのプラスチック製品が使用されたが、そのうちの三十七パーセントが一回使用のみの使い捨て用であり、また全体の二十パーセント余りしかリサイクルされていない。このようなプラスチック製品の利便性のみを重視し、安易な使い捨て使用やリサイクル意識の低さがプラスチックを重大な環境汚染ごみにしていると考えられる。ジャムベック（Jambeck）らは、世界百九十二か国の海岸線を持つ国を調査し、二〇一〇年にそれらの国で約二億七千五百万トンのプラスチックごみが発生し、その内四百八十万トンから千二百七十万トンが海洋へ流出したと推定している[(5)]。オーストラリアだけでも一年に八千万枚近くのプラスチック袋がごみとして海に流れ込むと推測されている。このプラスチック袋すべてを一枚のシートとして換算すると、総面積が十六平方キロメートルにも達し、ヴィクトリア州の州都でオーストラリア第二の大都市であるメルボルンの中心街（一

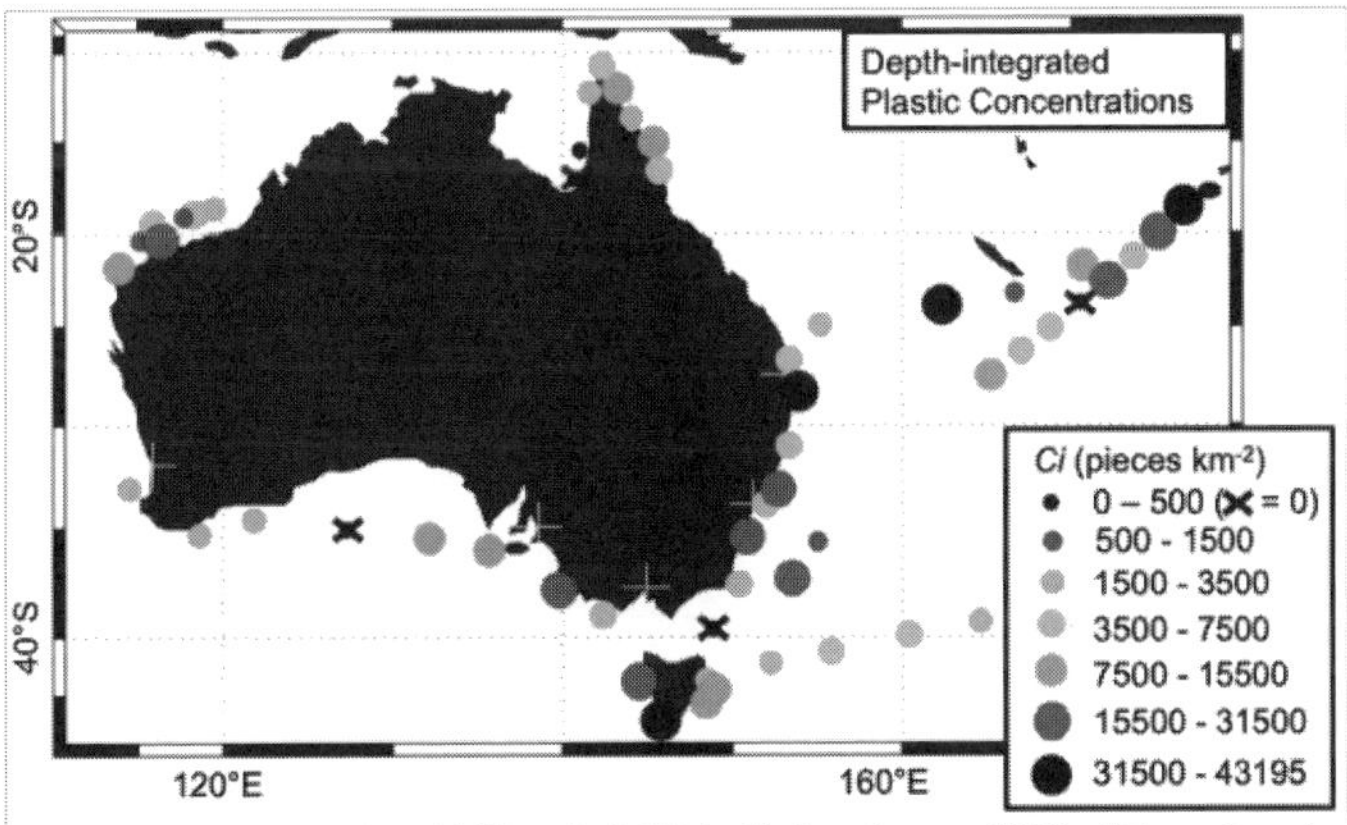

図２　オーストラリア沿岸五十七調査ポイントでの海洋プラスチックごみの深度積分による平均濃度概算　白十字は人口百万人以上の都市を示す（西からパース、アデレード、メルボルン、シドニー、ブリスベン）。（出典：Reisser *et. al*. 2013, Marine Plastic Pollution in Waters around Australia: Characteristics, Concentrations, and Pathways, PLOS ONE, http://dx.doi.org/10.1371/journal.pone.0080466, Figure 4, 2016 年 9 月 5 日参照）

辺が約四キロメートル）をすべて覆うことができる。

　ライサー（Reisser）らはオーストラリア周辺海域の五十七ポイントで海面水平引きネットを使用し海水面のプラスチックごみの濃度を測定し、加えて風による海水の攪拌などを考慮したプラスチックごみの深度積分濃度を概算した[6]。この結果、回収されたすべてのごみの七十パーセント以上が長さ四・九ミリメートル以下の小型プラスチックであり、シドニー、ブリズベンなどの大都市の集まる東海岸でプラスチックごみの濃度が高いことが分かった。特に深度積分濃度概算によるとブリズベン沿岸のモートン湾周囲での汚染が高いことが推定された。また遠隔地のタスマニア州ホバート沖、ウェスタンオーストラリアのノースウエストシェルフでも高濃度のプラスチックごみが回収され、さらに興味深いことに、非常に人口密度の低い北クィーンズランドのケープヨーク半島やクィーンズランド州の外洋でも比較的高い濃度が示された（前頁図二）。ノースウエストシェルフは遠隔地ではあるが、オーストラリアで最大の資源開発事業が行われており、それに伴う廃棄物の発生が多いことは予想される。しかし、ケープヨーク半島やクィーンズランド州の外洋ではそのような事業もなく、この地域でプラスチックごみが発生したとは考えにくい。海に流れ込んだプラスチックなど浮遊性のごみの重要な問題の一つは、国境や地域を超え海流や風などの影響により長距離移動することである。オーストラリアの海岸でも、しばしば海外から流れ着いたと思われるペットボトルやプラスチックの菓子袋などを見ることがある。前述のジャムベックらは、さらに海岸から五十キロメートル以内に居住する人々により不適切に扱われ、海に入る可能性のあるプラスチックごみの推定量を世界地図で表した（図三）。この推定量の高い地

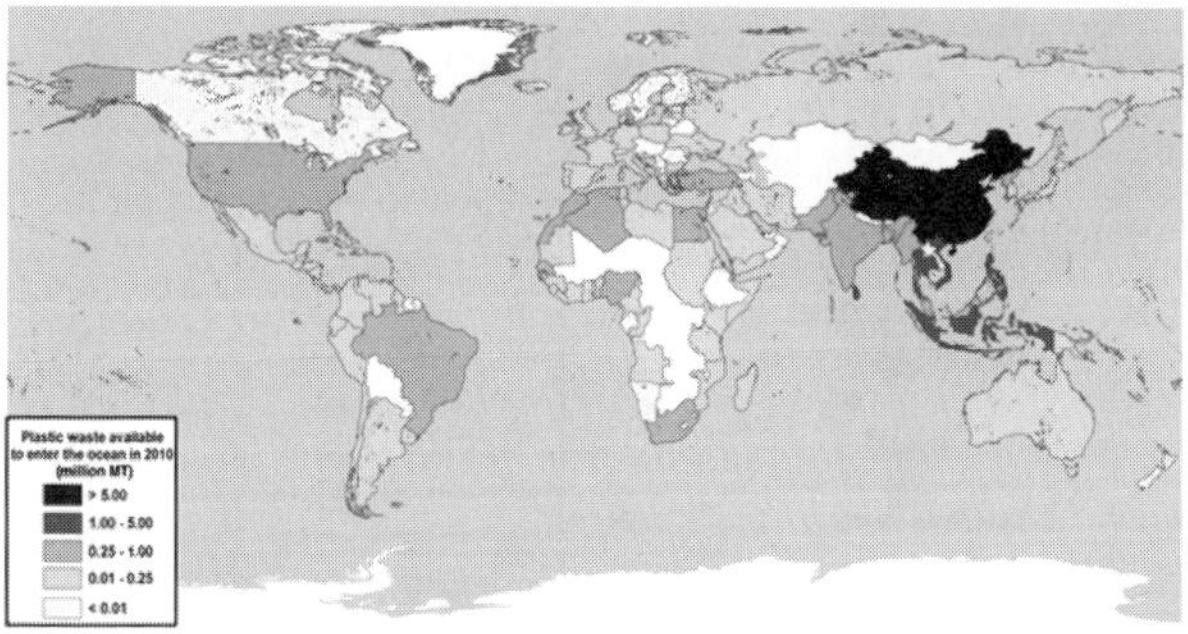

図３　世界百九十二か国の海岸から五十キロメートル以内に居住する人々により不適切に扱われ海に入る可能性のあるプラスチックごみの国別推定量（対象外の国は白で表示）。（出典：Jambeck *et.al.* 2015, Plastic waste inputs from land into the ocean (Science, 2015, 347(6223), pp.768-771) Figure 1, 2016 年 9 月 7 日参照）

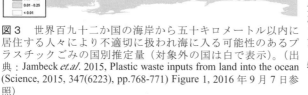

域は中国、東南アジアに集中しており、もしこれらのごみが海に入り漂流ごみとなれば、これらの国からのごみが北オーストラリアを中心に漂着する可能性は十分に考えられる。よって、海洋を浮遊する漂流ごみの問題はオーストラリア一国で解決できるものではない。

今までに述べたプラスチックごみは肉眼で確認できる比較的大きなマクロプラスチックに関してであった。しかし、近年注目され始めたのが肉眼的に確認の難しい微細なプラスチック片、化学繊維、プラスチック顆粒などを含むマイクロプラスチックによる環境汚染である（写真三）。このマイクロプラスチックは二つのカテゴリー、一次性と二次性のマイクロプラスチックに分類される。一次性マイクロプラスチックとは意図的に顕微鏡的サイズに製造されたプラスチックを指し、洗顔剤や化粧品、研磨剤、また最近では医薬品のベクター[7]として使用される。フェンドルとスーアル（Fendall and Sewell）は皮膚の角質層を除去する美肌療法に使用される化粧品の一つの中に、不特定な形の直径〇・五ミリメートル以下のマイクロプラスチックが大量に含まれていたと報告している[8]。このような化粧品に含まれるマイクロプラスチックは、使用後排水に交じり、環境中へ流出する可能性が高い。また、研磨剤などに使用されるマイクロプラスチックは機械、エンジン、船体などのさびや塗装を除去するために使用され環境中に飛散するが、その研磨過程においてしばしばカドミウム、六価クロム、鉛などの重金属に汚染される。

一方、二次性マイクロプラスチックは石油化学製品である非生物分解性のプラスチックが、陸や海などの自然環境

写真３　海中に浮遊するプラスチックの断片
（出典：Scripps Institution of Oceanography, 2009 SEAPLEX expedition, https://www.flickr.com/photos/8581704@N02/sets/72157621808971031/, 2016 年 9 月 7 日参照）

下で物理的、生物学的、化学的な刺激により構造的な整合性が減少することによって断片化し、微細なプラスチック片になったものである。一般にはほとんど意識されていないが、家庭環境からもこのような二次性マイクロプラスチックが日々排出されている。例えば、化学繊維で作られた服や布を洗濯するたびに微小な化学繊維の破片が排水に混ざり排出されるのである。これらのマイクロプラスチックによる海洋の汚染は、すでに一九七二年にカーペンター（Carpenter）らによりアメリカの東海岸ニューイングランド南部の沿岸の海水中に直径〇・一から二ミリメートル（平均〇・五ミリメートル）のポリスチレンの小球状体が大量に含まれていることが報告されていたにもかかわらず[9]、その影響はあまり注目されなかった。しかしカーペンターらはその時点で海水中のマイクロプラスチックの存在に加えて非常に重要な報告と警告を行っている。それらは発見された小球状体の表面に細菌が存在し、且つ、明らかに周囲の海水から吸収したと思われる有害なポリ塩化ビフェニル[10]を五ｐｐｍ含んでいたこと、また、検査を行った十四種の魚のうち八種がこれらの小球状体を摂取し、特に小型魚では摂取されたマイクロプラスチックにより腸の閉塞を起こす可能性があることである。現在のところ、海洋のサンプルにおける最小のマイクロプラスチックのサイズは、二〇一〇年にガルガーニ（Galgani）らにより発見された直径一・六マイクロメートルである[11]。しかし、マイクロプラスチックはさらにナノサイズにまで微細化されることが考えられ、一九七二年にカーペンターが警告したように海洋の食物連鎖に取り込まれ、重大な影響を及ぼす可能性が示唆され始めている。

三　海洋のごみの野生動物への影響

前節で述べたライサーらの調査により、オーストラリア沿岸で最もプラスチックごみの汚染が危惧される地域は大都市のある東海岸、特に東南クィーンズランドのモートン湾周辺である。東南クィーンズランドは、人口二百三十万余りを持つクィーンズランド州の州都ブリズベンを中心とし、毎年千二百万人近くの観光客が訪れる世界的な観光地のゴールドコースト（人口六十万人余り）などを有し、高い速度で人口の増加と開発が進んでいる地域である。一方

写真４　浜に打ち上げられた海亀の死骸
（出典：Kathy Townsend, Turtles of Moreton Bay, クィーンズランド大学モートン湾海洋研究所における講演の資料, 2014年8月18日）

で、この東南クィーンズランド及びモートン湾周辺は地勢的、陸水的、地理的にユニークな特徴を持っている。東南クィーンズランド地域の広さは約二万二千平方キロメートルあり、その領域から六本の河川が広さ約千五百平方キロメートルのモートン湾へ流れ込む。この湾の沖には砂が堆積してできた北ストラッドブローク島とモートン島があり、湾内は外洋からの直接的な影響を受け難くなっている。これらの特徴と温暖な亜熱帯気候により、豊かな海草藻場、マングローブの森、塩性湿地、岩礁やサンゴ礁が発達し、非常に多様な生息環境と生物を育んでいる。例えば、海草藻場は世界で有数のジュゴンの生息地であり、この湾周辺には約二万頭の海亀（主にアカウミガメ、アオウミガメ、タイマイ）が生息していると推定され、この周囲の砂浜には海亀の産卵場所になっているところもある。エイやイルカも多く生息し、モートン島や北ストラッドブローク島の外洋側では世界で最も大きいミナミハンドウイルカのコロニーが形成されている。また、この海域には七月から十一月頃まで南極から子育てなどのため暖かい海を求めクジラ（主にザトウクジラ）が回遊してくる。クィーンズランド州政府、環境遺産保護局（Department of Environment and Heritage Protection）によるとオーストラリア東海岸を回遊するクジラの数は二〇一三年に約一万九千頭と推定されている。

この豊かで多様な生物を育む東南クィーンズランドの海域で、漂流／漂着ごみによる海洋生物への影響が増加している。この地域の浜を歩くと時々海亀の死骸に遭遇することがある（写真四）。環境遺産保護局の資料（Marine wildlife stranding and

ボートに関連する事故	116
ごみや漁網に絡まる事故	60
ごみなどの異物の誤食	11
違法な狩猟	0
浚渫に関連した事故	2
その他の人間活動に関連した事故	14
人間活動に関連しない自然な原因（病気など）	254
死因未確認	950
合計	1407

表２　2011年にクィーンズランド州沿岸で死亡が確認された海亀の死因の分類（出典：クィーンズランド州環境遺産保護局, Marine wildlife stranding and mortality database annual report 2011 III. Marine Turtle, pp. 10-12）

mortality database annual report 2011, III. Marine Turtle）によると、二〇一一年にクィーンズランド州沿岸において確認されただけで千四百七頭の海亀が死亡し、死因が特定されたケースのうち四十四パーセントが何らかの人間活動に関係した原因で死亡していた。最も高い死因はボート（多くはスクリューによる切断）によるものであった（前頁表二）。

しかし、北ストラッドブローク島にあるクィーンズランド大学モートン湾海洋研究所（Moreton Bay Research Station, University of Queensland）は、ボートの事故に巻き込まれる海亀は別の原因が関与している場合が多いと推測している。この研究所にはボート事故に巻き込まれた個体や、浜に打ち上げられた個体などが運び込まれる。写真五に示した海亀は体長わずか二十二センチメートルの幼い個体であった。非常に衰弱し、海面を漂っているところを捕獲され研究所に持ち込まれた。脱水と削痩が激しいため、検査を実施したのち点滴治療などが開始されたが、残念ながらその夜に亡くなった。その個体の死後剖検により、消化管から肉眼で確認できる大きさの四十を超える様々な異物が発見された（写真六）。その異物のほとんどが硬質と軟質のプラスチック片（プラスチック袋、プラスチック容器、釣り糸、ペットボトルのキャップ、プラスチックテープ、ロープなどの破片）であり、その他にはゴム風船のかけら、木片、金属片が認められた。その一週間後にも幼い海亀の類似した症例があり、消化管から七十を超す異物が発見された。これらの異物はほとんどが海洋の漂流ごみであり、海亀はそれを餌と誤認して摂取したものと思われる。特に幼い海亀はまだ海中に潜る能力が十分でなく、海面に漂うものを無作為に食べてしまう。また、

写真５　衰弱しモートン湾海洋研究所に搬送された幼い海亀

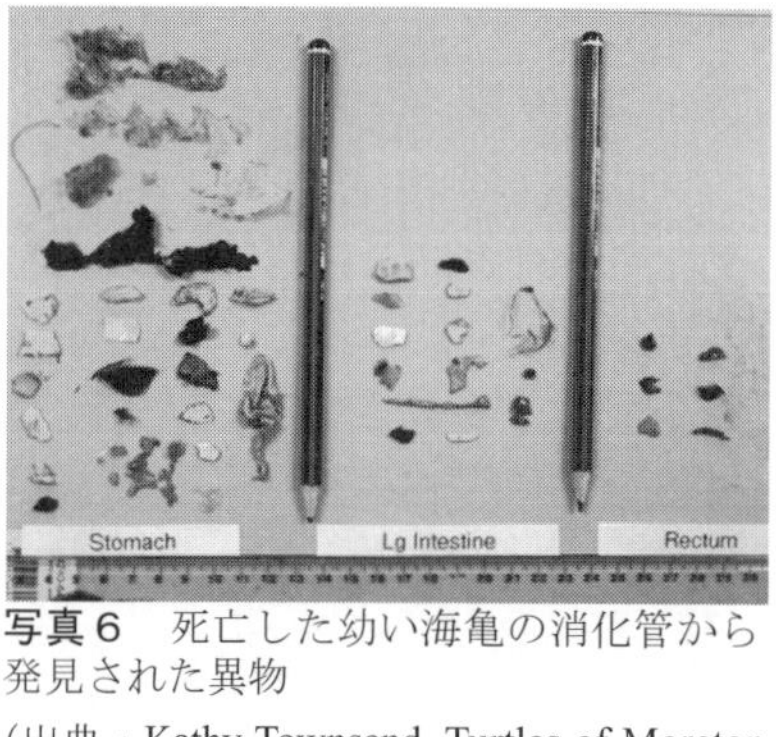

写真６　死亡した幼い海亀の消化管から発見された異物

（出典：Kathy Townsend, Turtles of Moreton Bay, クィーンズランド大学モートン湾海洋研究所における講演の資料 , 2014 年 8 月 18 日）

クラゲを主食としている種類の海亀は、海に漂う捨てられたプラスチック袋や、破裂したゴム風船の欠片をクラゲと誤認し食べてしまうことが知られている。では、なぜこれだけ大量の異物が嘔吐などの作用により体外に排泄されず、海亀の消化管に蓄積されてしまうのだろうか。それには海亀の解剖学的な特徴が関与している。海亀は種類により肉食性、草食性、雑食性の違いはあるが[12]、いずれも水中でクラゲや海老、海草や藻などを食べており、餌を食べる時には同時に相当量の海水を飲み込んでしまう。よって、海亀は胃内に入った餌を逃さず海水のみを嘔吐により排出するため、食道の内側に多数の棘状の突起物が下向きに付いている（写真七）。この解剖学的特徴が一旦胃に入った固形異物（硬質、軟質に拘わらず）の排出を妨げてしまう。異物の大きさが胃の幽門を通過し十二指腸へ流れ込むことができるサイズであれば、腸を通過し便とともに肛門より排泄される可能性もある。しかし、これよりも大きな異物（硬質、軟質に拘わらず）であったり、鋭利な角や断面を持っている異物の場合、消化管内の閉塞や穿孔を起こす可能性が高くなる。消化管の穿孔は腹膜炎を引き起こし、緊急かつ適切な処置が行われなければほとんどが死に至る。一方、閉塞を起こした個体では、完全な閉塞であれば腸の壊死を起こし、腹膜炎に至ることが多いが、プラスチック袋などの軟質な異物や硬質プラスチックの小片などの異物は完全閉塞を起こさず、不完全または間欠的に閉塞を起こすため状況がかなり異なってくる。このような閉塞の場合はそれが直接の死因となることは比較的少なく、慢性的な胃腸の機能障害により消化管内にガスの蓄積が起こる。健康な海亀はある年齢に達すると餌の海草、藻、蟹、海老などをとるため海中に潜るが、消化管内に慢性的なガスの貯留がある海亀はそれが浮袋となり潜水できなくなってしまう。このような海亀は海面を漂い、空腹のためそのあたりに浮いているごみなどを食べるしかない状況に陥る。やがて栄養不良による衰弱のため死がおとずれる。モートン湾海洋研究所はこのような衰弱した海亀はボートが近づいてきても避けることができず、スクリューに巻き込まれたりする危

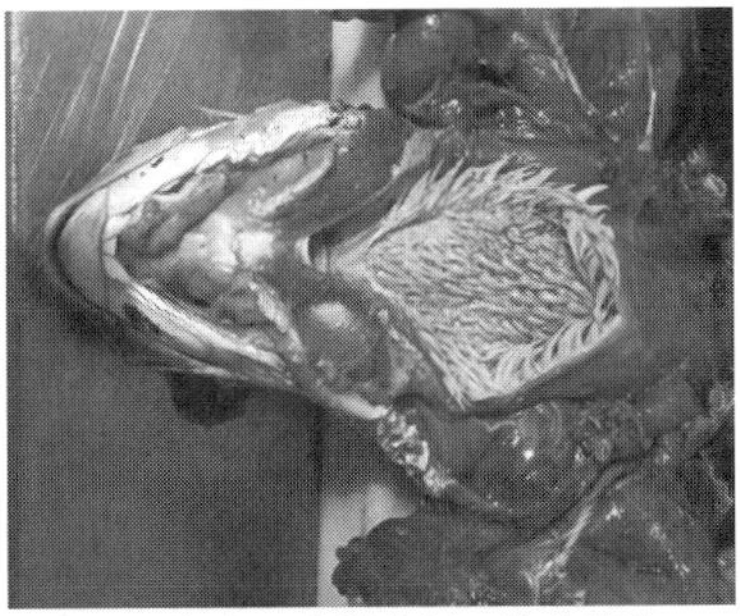

写真７　海亀の食道内側の棘状構造
この構造により胃に入った固形物（餌）を逃さず海水のみを排出できる。（出典：Kathy Townsend, Turtles of Moreton Bay, クィーンズランド大学モートン湾海洋研究所における講演の資料，2014 年 8 月 18 日）

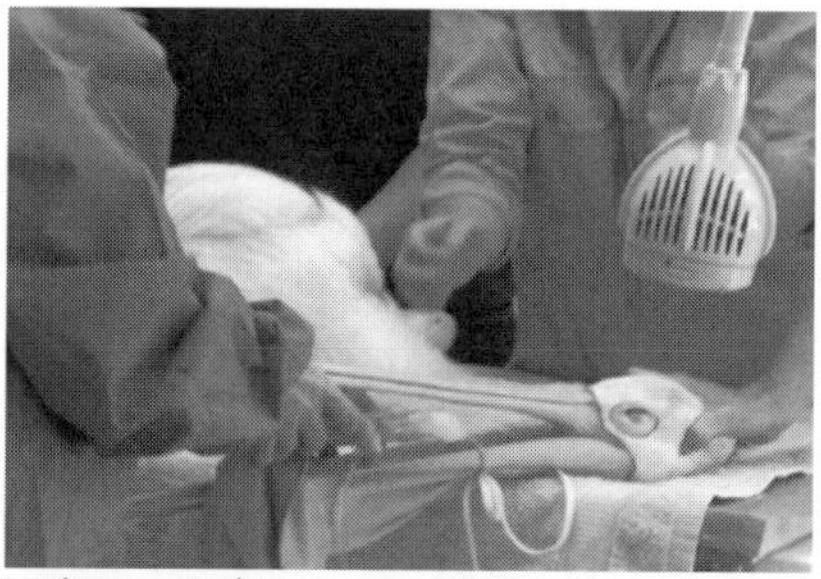

写真８　東南クィーンズランドのゴールドコースト市カランビン野生動物公園内野生動物専門病院で釣り針が胃内にあると診断され摘出手術を受けるため麻酔をかけられたオーストラリアペリカン
（出典：2015年 AJWCEF 野生動物保護トレーニングコース野生動物臨床実習中に撮影）

写真９　親鳥から大量のごみを餌と間違えて与えられたために死亡したアホウドリの雛（出典：Bluebird Marine Systems Ltd. Plastic Ocean Garbage Patches, http://www.bluebird-electric.net/oceanography/Plastic_Ocean_Pollution_Gyres_Garbage_Patches.htm, 2016年9月10日参照）

険が高くなると警告している。しかし、悲しいことではあるが、ボート事故による死はそれ以後も続くであろう空腹と衰弱の苦しみから海亀を救ってくれる結末なのかもしれない。

　この地域には水鳥も多く生息し、また、日本からの渡り鳥も飛来する。代表的な水鳥としては大変愛嬌のある顔を持つオーストラリアペリカン、他には鵜、鷺などが挙げられる。このペリカンやその他の水鳥、さらに魚を主食とする猛禽類（ミサゴなど）も海洋の漂流／漂着ごみを誤食することで被害にあっている。ペリカンの場合、鵜や鷺と同様、海や川で魚を捕食し丸のみにする。その時にごみを同時に飲み込んだり、ごみを餌と誤認し摂食することもあるが、捕食した魚の体内に蓄積されたごみなどの異物が問題になることも多い。このうち最も多い事故は、不用意に捨てられた釣り針や釣り糸、またそれを飲み込んだ魚を飲み込むことである。幸運なペリカンはくちばしの下にある喉袋（のどぶくろ）や口角に釣り針が刺さる程度で済むが、それらの異物が胃まで到達すると海亀のように胃腸に刺さり穿孔を起こす可能性があるため、運良く早期に発見されれば緊急な摘出手術が必要となる（写真八）。また、ペリカンやミサゴを含む多くの鳥の習性として、親鳥は自身の胃内にある餌を雛に口移しで食べさせるため、そこに含まれるプラスチックごみなどの異物も口移しで雛の胃に入り、海亀と類似した結果を招くことが多い。ブルーバード・マリン・システムズ（Bluebird Marine Systems Ltd.）によれば、北太平洋ミッドウエー島周辺では毎年五十万羽ほどのアホウドリの雛が生まれるが、その約半数が死亡し、その原因の大半は親鳥がプラスチックなどのごみを餌と思い込み雛に与えることによるものだという（右頁写真九）。

上記のようにごみを飲み込むことによる害とは別に、漂流／漂着ごみは海洋生物や鳥などに絡みつき重大な事故の原因となる。特に釣り糸、漁網、ロープなどが原因になる場合が多く観察されるが、廃棄された罠（蟹などをとるためのものが多い）に絡まるケースもある（写真十）。このような事故では、ごみが絡まった局所の炎症や外傷による感染などから、組織の壊死による脱落、また肺呼吸の海洋動物（海亀、イルカ、ジュゴン、アシカなど）では海面に浮かび上がれず溺死するものまである。また、水鳥でも同様の被害が起こっており、東南クィーンズランドのゴールドコースト市バーリーヘッズにあるクィーンズランド州立デービッド・フレー野生動物公園（David Fleay Wildlife Park）にはオーストラリアペリカンが収容展示されているが、いずれのペリカンも釣り糸が翼に絡み、やがて血行障害による組織壊死や感染のため羽を切断せねばならず、二度と飛ぶことができないため、自然界に戻ることができない。

写真10　廃棄されたカニ漁の罠に絡まった海亀
（出典：クィーンズランド州運輸主要道路局 (Department of Transport and Main Roads) 2016, Marine Pollution: What kind of waterways do we want?（写真提供：クィーンズランド州環境遺産保護局））

ごみによる生物への他の害として最近注目されつつあるのが、第二節でも述べたマイクロプラスチックである。マイクロプラスチックはさらに細分化されナノサイズになっていく可能性があることは先に述べたが、これらが海の生物や水鳥の食物連鎖に取り込まれることが指摘され始めている。デッドマン（Dedman）は実験的に海洋動物性プランクトンの一種（*Temora longicornis*）[13]へ二十マイクロメートルの黄色蛍光ポリスチレン球体を複数与え、その摂食を確認した（次頁写真十一）[14]。また、貝類やナマコでもマイクロプラスチックの摂食が確認されている。海中の小動物においてはマイクロプラスチックでも物理的に消化管の閉塞を起こす可能性があるが、さらに重要な点はマイクロプラスチックによる生体への化学的影響である。プラスチック製造過程において熱、酸化、微生物などからの影響に抵抗する特性を与えるため、可塑剤が混合されることがある。この可塑剤はプラスチックの耐久性を高めるため、プラスチックごみが分解されず自然界に長く留まることになる。さらに、プラスチックから浸出した可塑剤が生物に対し内分泌攪乱作用（ノニルフェノールなど）[15]や生殖細胞への影響（ポリ臭化ジフェニルエーテルなど）などの害を及ぼす可能性もある。また、海洋のプラスチックごみ、特に容積に比して表面積が大きいマイクロプラスチックに海水中の有害物質、例えば残留性有機汚染物質（ダイオキシン類、ポリ塩化ビフェニルなど）[16]、水中金属（鉛、カドミウムなど）、内分泌攪乱物質などが付着する、もしくは吸収されることが知られている。特に、通常低密度のマイクロプラスチックが最も多く浮遊している海水表層面で、このような化学物質の濃度も最も高くなる傾向にあり、マイクロプラスチックへの付着の機会が高い。特に残留性有機汚染物質は安定した脂溶性化学物質であり、疎水性のプラスチック表面に付着し蓄積しやすい。マイクロプラスチックは海底にも堆積されることから、これらの有害な物質もそれに伴い海底に運ばれ、堆積物に混ざり、海底で採食する生物の体内へ取り込まれる可能性がある。可塑剤や海水中の有害物質は脂肪親和性の高いものもあり、生物に摂取されると脂肪組織に蓄積され、体内に長期間残留し、食物連鎖により生物濃縮される。この結果、上位捕食動物ほど有害物質の影響が大きいと考えられる。近年ロックマン（Rochman）らは、海洋環境中で化学有害物質を付着または吸収したマイクロプラスチックを摂取した魚の肝細胞に、有害物質に起因すると思われる病理的変化が観察されたことを報告している[17]。

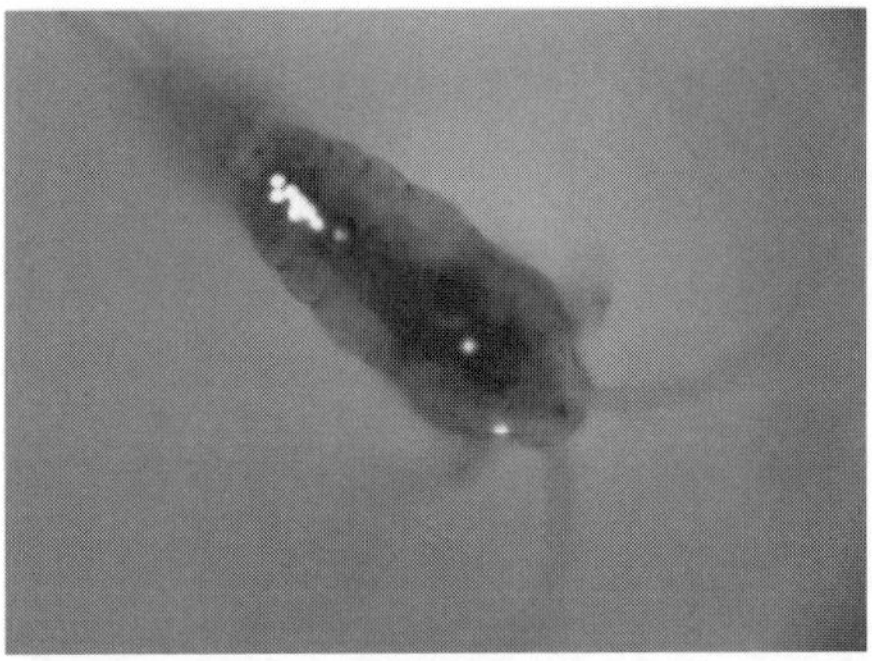

写真11　実験的に投与した20マイクロメートル黄色蛍光ポリスチレン球体を摂取した動物性プランクトンの *Temora longicornis*（ヒゲナガケンミジンコ目）。球体は上部及び下部の消化管で見られる。
（出典：Dedman C., Investigating Microplastic Ingestion by Zooplankton, Master's Thesis, University of Exeter, 2014, pp. 93 Figure 4.5）

四　オーストラリアのごみ処理の現状

世界的な消費社会やファーストフードの拡大により、オーストラリアでも毎日大量なごみが生み出される。経済協力開発機構（OECD）の二〇一三年の資料によるとオーストラリアでは年間一人当たり約六百四十七キログラムの都市廃棄物（家庭、商業施設、事務所、公共施設からの廃棄物を含む）が発生し、これは主なＯＥＣＤ加盟国の中で四番目に多かった（図四）。日本では公共の場所や商業施設でごみ箱を見かけることは少なく、外出中のごみを自宅へ持ち帰って分別廃棄する習慣がかなり社会に浸透したと見受けられるが、オーストラリアでは未だこれらの場所でごみ箱を頻繁に見かける。多くの場合、ごみ箱は一般ごみ用とリサイクルごみ用に分かれている。リサイクルできる製品にはオーストラリアのリサイクルのシンボルマーク（次頁図五）が入っている。リサイクルごみ箱に入れられる廃棄物は、紙類（コピー用紙、新聞、牛乳パック、段ボールなど）、ガラス類（ビンなど）、プラスチック類（ペットボトルなど）、缶類（アルミニウム、スチール缶など）などであり、日本のように細かく分別はしていない。家庭ごみは、州によりやや異なるものの、やはり一般ごみとリサイクルごみを区別して異なったごみ箱に廃棄し、一般ごみは週に一度、リサイクルごみは二週に一度のペースで地方自

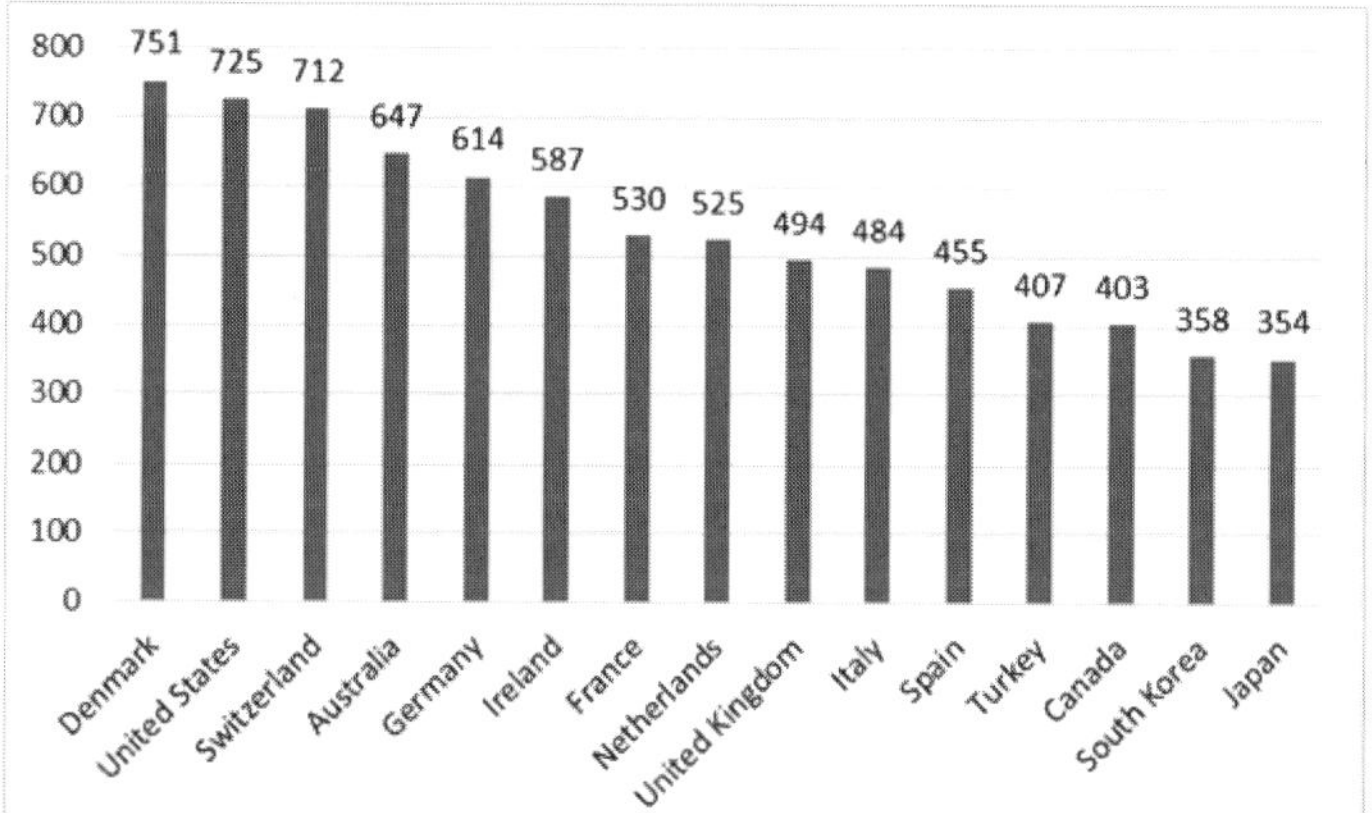

図４　2013 年に主な OECD 加盟国で発生した都市廃棄物の量（キログラム / 人）。都市廃棄物は家庭、商業施設、事務所、公共施設からの廃棄物を含む。
（資料：OECD Indicators 2015, Environment at a Glance 2015, pp. 49, Table 1.11）

治体により回収される。他のリサイクルごみとしてはグリーンごみと称される生ごみや植物などオーガニックごみのためのごみ箱が希望により家庭にも配布される。通常、ごみ箱の種類によりふたの色が分けられており、一般ごみは赤、紙やプラスチックのリサイクルごみは黄、グリーンリサイクルごみは緑となっている。また、特殊な施設から出るごみ、例えば工場などではその分野により、木、煉瓦、コンクリート、鉛や銅、アスファルトなどが各々のリサイクルごみ箱（多くの場合は大型の企業用ごみ箱）により回収される。病院や研究所などでは、感染物などの生物学的廃棄物や、注射針やメスの刃など鋭利な廃棄物、また、放射性物質などを含む廃棄物など特別に回収され処理をされる。

現在のオーストラリアにおける回収されたごみの処理の状況を見てみよう。リサイクルごみに関しては、レベルの違いはあるものの、日本と同様その種類によって異なった再生処理が行われる。しかし、一般ごみの処理に関しては日本がほとんど焼却により処理を行っているのに対し、オーストラリアではごみ全体の九十五パーセント以上がランドフィルと呼ばれる埋め立てにより処理されている。しかし、近年この埋め立て式ごみ処理法による弊害が指摘されている。この方法ではごみ収集トラックにより運ばれてきた一般ごみは圧縮されたのち広い埋め立て地に破棄され、ブルドーザーにより均され、一日の作業が終わるまで野ざらし状態で放置される。通常、毎日の作業終了前に土などでカバーが行われるが、多くの野鳥や野ネズミなどの動物が餌を求めて集まってくる（次頁写真十二）。これらの動物たちはごみの中の残飯を食べ、同時にプラスチックごみなどを誤食するかもしれない。加えて野生動物間の直接的、もしくは排泄物などによる間接的な接触が高まり、病原菌の蔓延など公衆衛生的な問題も心配される。また、これらのごみは長期間自然にさらされるため、物理的や化学的に分解が進み、生ごみは腐敗し、プラスチック製品などは断片化する。さらに、一般ごみにはしばしば有毒

図５　オーストラリアで使用されているリサイクルのシンボルマークの一例（出典：New South Wales Environment Protection Authority, Recycling signs, posters and symbols, http://www.epa.nsw.gov.au/wastetools/signs-posters-symbols.htm, 2016年10月10日参照）

な物質を含む廃棄物が入っており、これらが雨などの影響により浸みだし埋め立て地を汚染する。よって、その地域は特別な処置を施さない限り長期間にわたり再利用が不可能となる。このような有害な廃棄物の代表は電池や電球を含む電化製品で、水銀、ヒ素、カドミウム、鉛など多くの有害物質を含む。プラスチック袋の破片など軽量のごみは最終的に埋め立てが完了し、適切なカバーが施されるまで風などの影響により飛散し、周囲の環境を汚染し、さらに水路を伝わり最終的に川や海へ運ばれ、漂流ごみとなる。埋め立てが進みやがて表面がおおわれると中に埋め立てられた生ごみなどの有機物は酸素との接触が少なくなり、嫌気性の分解（嫌気性発酵）が起こる。一般的にこの発酵からメタンガス（約六十パーセント）や二酸化炭素（約四十パーセント）の温室効果ガスと微量の硫化水素が発生するが、特にメタンガスは二酸化炭素に比べ二十倍以上の温室効果があり、温暖化や気候変動に多大な影響を与える。また微量ではあるが、硫化水素も生体に非常に有害である。

写真 12　ごみの埋め立て場所とそのごみに群がる野鳥の群れ
（出典：Totally Environmental, http://www.totallyenvironmental.com/blog/landfill-levy-doubles/, 2016 年 10 月 10 日参照）

　このような状況にありながら、未だに埋め立て式ごみ処理法を使用している理由をクイーンズランド州で最大の都市ブリズベンの複数の政府関係者に尋ねると、いずれも「将来何かより良い方法が必要であるとは思うが、オーストラリアは国土が広く、埋め立てに使用する場所が比較的見つけやすいことと、埋め立て法は費用が低いので行っている。また、ごみの焼却は二酸化炭素などの温室ガスの発生の問題から市民の理解を得にくい。」との答えが返ってきた。しかし、オーストラリアの大手エネルギー供給企業であるオリジン・エネルギー社（Origin Energy Ltd.）によると、オーストラリアではその電力供給の約八十六パーセントを化石燃料（石炭、天然ガス）による火力発電に依存し、七十三パーセントが石炭によるものだという。現在の先進ごみ焼却発電技術をもってすれば、温室ガスの発生を最小限に抑え、石炭による発電と比べ、より環境にやさしい発電ができる。このことから見れば、これらの政府関係者らの発言は的を射ていないように感じる。

二〇一五年にウェスタンオーストラリア州のパースの八自治体が共同して四億オーストラリアドルを投資し、オーストラリアで初めてグリーンごみ（家庭生ごみ、植物など）の焼却発電プラントを建設することに合意した。また、同州ではウェスタンオーストラリア州環境保護局（Western Australia Environmental Protection Authority）が適切と判断したバイオマスによるグリーンごみの処理発電プラントの建設が二か所で許可されている。ウェスタンオーストラリア州のニュースサイトWAtodayは、「ウェスタンオーストラリア州政府が早ければ二〇二〇年までに、この州の埋め立て式ごみ処理法に依存する体質を終わらせたいと考えている。」と報じている[18]。今後、オーストラリアにおいてウェスタンオーストラリアで始まったような環境に適したごみ処理と、熱などの副産物を活用したエネルギー生産「ごみからエネルギー」の概念が広く受け入れられる事が強く望まれる。

五　おわりに

本章では人類の生み出す廃棄物の一部としてオーストラリア沿岸の海洋環境中のごみと、その野生動物への影響に関し実例を挙げて考察し、加えてオーストラリアのごみ処理の現状と課題についても言及した。はたして、どれほどの人がこの莫大な量のごみのことを日常意識しているだろうか。第三節で実例として紹介したプラスチックごみを飲み込んで死亡した海亀について、環境保護の専門家や研究者はその死亡原因を突き止めることはできる。しかし、それだけで海亀が救えるだろうか。海亀を救うために重要なことは、この事実を人に伝え、社会を啓発し、社会全体がごみを減らし、その不適切な処理をやめることだと考える。そして海亀が安全で適切な生活環境を取り戻すことは、ひいては海洋の健全な生態系を維持することに寄与することは疑いがない。このことは、まさにユネスコの提唱により世界百か国近くの支持を得て二〇〇五年から推奨されてきた「持続可能な開発のための教育」の目的に通じるものがある。環境問題は政治や利害など、他の要素によりしばしば置き去りにされることがある。しかし、健全な地球環境を次世代へ手渡すためには、やや利便性や収益性を欠いても勇気をもって現実を直視し、何をすべきかを考える必要がある。最後に、やはり第三節において「海洋生物により摂取されたマイクロプラスチックなどに付着または吸収された有毒物質が、食物連鎖により生物濃縮され、上位捕食者ほど高濃度の有害物質に曝される」と述べたが、多くの場合、我々人類が頂点捕食者（最上位の捕食者）であることを忘れてはいけない。

注

(1)廃棄物とは、日本の廃棄物の処理及び清掃に関する法律（昭和四十五年十二月二十五日法律第百三十七号、最終改正：平成二十七年七月十七日法律第五十八号）第一章総則、第二条の定義によると、ごみ、粗大ごみ、燃え殻、汚泥、ふん尿、廃油、廃酸、廃アルカリ、動物の死体その他の汚物または不要物であって、固体または液状のもの（放射性物質及びこれに汚染された物を除く）を指す。

(2)クリーンアップ・オーストラリア（Clean Up Australia）とは、一九八九年にイアン・キアナン(Ian Kiernan)によって地域社会とともに環境の清掃、修復、保護を行う目的としてクリーンアップ・シドニーハーバーが設立され、四万人のボランティアが参加し第一回クリーンアップ・シドニーハーバー・デーが開催された。一九九〇年にはクリーンアップ・オーストラリアとなり、オーストラリア全土で約三十万人が参加し第一回クリーンアップ・オーストラリア・デーが開催され、一九九三年には国連環境プログラムの支援によりクリーンアップ・ザ・ワールドが始まった。

(3)漂流／漂着ごみ（Marine debris）とは、アメリカ合衆国商務省海洋気象局の定義では、漂流／漂着ごみは製造または処理された分解されにくい強固な物質で、直接的または間接的に、意図的または意図せずに、海洋や大湖に廃棄または投棄されたものを指す。（National Ocean Service, Natinal Oceanic and Atmospheric Administration, U.S. Department of Commerce, (http://oceanservice.noaa.gov/facts/marinedebris.html 二〇一六年九月十八日参照））

(4) National Research Council (U.S.) Study Panel on Assessing Potential Ocean Pollutants. "Assessing Potential Ocean Pollutants: A Report of the Study Panel on Assessing Potential Ocean Pollutants to the Ocean Affairs Board"（Commission on Natural Resources, National Research Council, National Academy of Sciences, 1975.）

(5) Jambeck, J.R. *et. al. Plastic waste inputs from land into the ocean*,（Science, 2015, 347(6223), pp.768-771.）

(6) Reisser, J. *et. al. Marine Plastic Pollution in Waters around Australia: Characteristics, Concentrations, and Pathways*, PLOS ONE, 2013,（http://dx.doi.org/10.1371/journal.pone.0080466 二〇一六年九月五日参照）

(7) ベクターとは、自然科学や医学などの分野における媒介物質のこと。例えば遺伝子治療の分野では治療用の遺伝子を特定の細胞や組織に運搬し、治療効果を高める役割を果たす。

(8) Fendall, L.S. and Sewell, M.A. *Contributing to marine pollution by washing your face: Microplastics in facial cleansers*,（Marine Pollution Bulletin, 2009, 58, pp. 1225-1228.）

(9) Carpenter, E. J. *et. al. Polystyrene spherules in coastal waters*（Science, 1972, 178(4062), pp.749-750.）

(10) ポリ塩化ビフェニル（Poly Chlorinated Biphenyl, PCB）とは、化学的に合成された有機塩素化合物の一つで、その特性により電気機器用絶縁剤、感圧紙、塗料や印刷インキの溶剤などに利用された。体内にたやすく取り込まれ残留性が高く、皮膚障害などの慢性毒性が見られる。日本では昭和四十七年に製造、使用が禁止されるが、現在に至るまで長期の保管中に紛失や漏洩が起きており、平成十三年には「ＰＣＢ廃棄物適正処理推進特別措置法」が制定され、適正な廃棄処理が義務付けられた。（ポリ塩化ビフェニル廃棄物の適正な処理の推進に関する特別措置法（平成十三年六月二十二日法律第六十五号、最終改正：平成二十八年五月二日法律第三十四号）

(11) Galgani, F. *et. al.* "Task group 10 report: marine litter", (Zampoukas, N. (Ed.), *Marine Strategy Framework Directive*, JRC, IFREMER & ICES, 2010.)

(12) 海亀の食性は種によって異なるが、東南クィーンズランドのモートン湾周辺に生息するアカウミガメ（*Caretta caretta*）、アオウミガメ（*Chelonia mydas*）、タイマイ（*Eretmochelys imbricata*）の三種は各々が肉食（蟹、貝、クラゲなど）、草食（海草、藻、マングローブの実など）、雑食（無脊椎動物、海草、藻など）である。

(13) *Temora longicornis* とは、節足動物門、顎脚綱、カイアシ亜綱、ヒゲナガケンミジンコ目に属する動物性プランクトンであり、海洋に生息する。

(14) Dedman C. "Investigating Microplastic Ingestion by Zooplankton", (Master's Thesis, University of Exeter, 2014)

(15) 内分泌攪乱作用とは、生体の複雑な機能調節のために重要な役割を果たしている内分泌系の働きに影響を与え、生体に障害や有害な影響を引き起こすことである。世界保健機関、国際化学物質安全性計画〔WHO/IPCS〕の見解では、内分泌攪乱物質とは、無処置の生物やその子孫や（部分）個体群の内分泌系の機能を変化させ、その結果として健康に有害な影響を生ずる単一の外因性物質または混合物である。（環境省総合環境政策局環境保健部環境安全課、Official Endocrine Disruption Website. https://www.env.go.jp/chemi/end/endocrine/6site/index.html（二〇一七年九月二十〇日参照）

(16) 残留性有機汚染物質とは、ＰＯＰｓ（Persistent Organic Pollutants）とも呼ばれ、難分解性のため環境中で長期に存在し、大気の流れや海流に乗って長距離を移動する可能性がある。また、脂溶性のため体内で脂肪組織に蓄積され、食物連鎖による生物濃縮で上位捕食者ほど高濃度で蓄積されやすい。代表的なＰＯＰｓにはダイオキシン類があり、動物実験では、発がん性、生殖毒性、免疫毒性、神経毒性などが認められた。国際的に協調し残留性有機汚染物質の削減や廃絶を行うため、二〇〇四年にストックホルム条約が発効された。（環境省、ストックホルム条約 POPs. http://www.env.go.jp/chemi/pops/treaty.html（二〇一六年十月二十一日参照）

(17) Rochman, C. M. *Ingested plastic transfers hazardous chemicals to fish and induces hepatic stress*, (Scientific Reports 3, 2013, Article number: 3263.)

(18) Young E. (15 October 2015). An end to landfill for eight Perth councils with Australian-first energy plant. *WAtoday*, (http://www.watoday.com.au/wa-news/an-end-to-landfill-for-eight-perth-councils-with-australianfirst-energy-plant-20151015-gk9ns3.html 二〇一六年九月二十二日参照)

参照文献

Ashton, K. *et al. Association of metals with plastic production pellets in the marine environment*, (Marine Pollution Bulletin, 2010, 60, pp. 2050-2055.)

Browne, M.A. *et. al. Microplastic - an emerging contaminant of potential concern?*, (Integrated Environmental Assessment and Management, 2007, 3, pp. 559-561.)

Cole, M. *et. al. Microplastics as contaminants in the marine environment: A review*, (Marine Pollution Bulletin, 2011, 62(12), pp. 2588-2597.)

Gregory, M.R. *Plastic 'scrubbers' in hand cleansers: a further (and minor) source for marine pollution identified*, (Marine Pollution Bulletin, 1996, 32, pp. 867-871.)

Lithner, D. *et. al. Environmental and health hazard ranking and assessment of plastic polymers based on chemical composition*, (Science of the Total Environment, 2011, 409, pp. 3309-3324.)

Ng, K.L. and Obbard, J.P. *Prevalence of microplastics in Singapore's coastal marine environment*, (Marine Pollution Bulletin, 2006, 52, pp. 761-767.)

Patel, M.M., *et. al. Getting into the brain: approaches to enhance brain drug delivery*, (CNS Drugs, 2009, 23, pp. 35-58.)

Rios, L.M. *et. al. Persistent organic pollutants carried by synthetic polymers in the ocean environment*, (Marine Pollution Bulletin, 2007, 54, pp. 1230-1237).

Ryan, P.G. *et.al. Monitoring the abundance of plastic debris in the marine environment*, (Philosophical Transactions of the Royal Society B: Biological Sciences, 2009, 364, pp.1999-2012.)

Thompson, R.C. *et. al. Lost at Sea: Where Is All the Plastic?* , (Science, 2004, 304(5672), pp. 838.)

Thompson, R.C. *et. al. Our plastic age,* (Philosophical Transactions of the Royal Society B: Biological Sciences, 2009, 364, pp.1973-1976.)

Zitko, V. and Hanlon, M. *Another source of pollution by plastics: skin cleansers with plastic scrubbers,* (Marine Pollution Bulletin, 1991, 22, pp. 41-42.)

「フクシマ」とオーストラリア

村上　雄一

本書はオーストラリアを例に、地球社会の持続可能性について多くの論文を収めている。なぜ持続可能性の追求が必要とされているのかについても、数多くの理由が挙げられているであろうが、私個人は「次世代へつないでいくため」が最も重要な理由ではないかと考えている。

私を含め、人類ほど「地球」の持続可能性を脅かしている生物は地球上には存在しない。だからと言って全人類が消えてなくなれば良いということでもないし、本書のキーワードの一つである「地球社会」という用語からも、本書で持続可能性を考えるうえで、人類の存続、すなわち「次世代へつなぐ」ことが大前提になっていることは明白である。

日豪関係史を専門とする私は、二〇一一年三月におきた東京電力福島第一原子力発電所の爆発後、次世代を担っていく子どもや若者たちが「フクシマ」においてどのような扱いを受けてきたのか、そして、オーストラリア関係者がどのように関わってきてくれたのか、私の勤務先である福島大学を主な舞台としてつぶさに見てきた。震災から六年以上経過した今、それを振り返っておくことは、今後の「地球社会の持続可能性」を考える上で、何らかの教訓になるかも知れないと思い、僭越ながらコラムという形で一筆啓上させていただくことにした。

原発爆発後、私が最も驚くと共に恐怖さえ感じたのは、日本政府や福島県内の自治体が放射性物質に汚染された地域から子どもたちを避難させるどころか、留まらせる方向で動いたことである。原発爆発から一カ月も経っていない四月上旬、津波による被害の少なかった地域を中心に、福島県内の多くの小・中・高等学校が、除染（より正確には「移染」であり、放射性物質が取り除けるわけではない）をすることなしに、例年通り新年度を開始した。福島市内に位置する福島大学附属小・中学校も同様であった。一方、同市からＪＲ東北本線で南に二駅のところに位置している福島大学は、同線が不通になったため、ゴールデンウィーク明けから新年度の授業が開始されることになった。

その新年度が始まった後の四月十九日、文部科学省が「暫定的考え方」として、校舎・校庭の利用判断の目安を、それまで追加被ばく限度が「年間一ミリシーベルト」だったにも関わらず、「年間二〇ミリシーベルトの被ばく線量を目安にする」と決めたことで、多くの保護者が不安や不満、そして、怒りを覚えた。しかし、すでに学校が始まっていたこともあり、学齢期の子どもを抱える多くの世帯が、子どもを転校させてまで被ばく地から避難することに躊躇し、結果として避難するタイミングを逃してしまった。国の責任において、被ばく地から子どものいる世帯が避難する権利を認めようとしなかったこのような政策（仕打ち）は、子どもたちから「安心・安全に教育を受ける権利」を奪ったばかりでなく、彼らを人質に「フクシマ」からできるだけ大人たちも避難しないように仕向けているとしか私には思えなかった。

私の妻、そして、福島市生まれ・育ちである学齢期の娘二人は、最初の原発爆発直後に福島市を離れた後、山形県経由で新潟県入り、そこで一週間ほど滞在後、私の実家のある北海道へ再び移動した。そのため、初期被ばくを免れることができたのは幸いであった。その後、妻が台湾籍だったこともあり、最終的に家族は台湾に移動、娘たちは一年間、台北市内の日本人学校へ通うことになった。

放射性物質が降り注いだ異常な環境の中、学校教育は通常通り進められていくという事態を目の当たりにした私は、家族を自主避難させたことに安堵する一方、いわゆる「サバイバーズ・ギルト」にも似た心理状態に陥った。また、このような環境の「フクシマ」で私自身が大学生に教育を続けることは、結果として、放射線に対する感受性が高いとされる若い世代を被ばく地に留め置くことに加担する行為になるのではないか、というジレンマにも悩まされた。大学教員としてさらに理不尽に思えたのは、学生に対する国や地方自治体の対応である。甲状腺の無料検査をはじめ、震災当時に福島県内に住んでいても当時十九歳以上の学生たちには、県や国からは何も支援がなされなかった。もちろん、そのような学生は小・中学生や高校生とは異なり、個人の意思で「フクシマ」から離れることができたはずだ、留まったのは自己責任だ、という意見もありえよう。しかし、現実問題として、放射性物質に汚染されていない土地での勉学継続の受け皿もなく、個人の責任のみで休学や退学、または編入学等を選択するというのは、大多数の学生にとっては非常にハードルが高い選択肢である。また、原発爆発後、放射線量の高さを知りながら福島大学へ入学してきた新入生たちも、その理由や事情も様々であり、一概に自己責任論だけで片づけることは乱暴な議論である。

先述の通り、福島大学が再開したのは二〇一一年五月であった。その再開までの間、学生たちの安心・安全のため、キャンパスを移すべきだという意見があった一方、この程度の放射線量は「科学的」に問題ないとする教員（主に理系）や附属の小・中学校で授業が行われている以上、大学も早急に再開すべきだという教員養成系の教員たち、そして、文科省の暫定基準を受け入れた大学執行部との意見の隔たりは大きく、その意見の相違が解消されないまま、大学は再開されることになった。

福島大学が自主的に除染を行い始めたのは同年七月に入ってからであるが、その主な理由も、例年八月に開催されているオープンキャンパスで多くの高校生を受け入れるための準備であり、結果として在学生たちがその恩恵を受けたにすぎなかった、陸上競技場、バレー・テニスコート、サッカー・ラグビー場、ハンドボールコート、野球場、弓道場、そして、馬場等、学生の屋外活動に必要な施設の除染が行われたのは、震災後一年近くたった二〇一二年二月に入ってからであった。それは、それまで一年近く、福島大学の学生の中には除染されていない屋外施設で、体育の授業や部活・サークル活動等を余儀なくされた者がいたことを意味する。ところで福島市による福島大学キャンパスの除染だが、小・中学校等や住宅地が優先されたこともあり、開始されたのは実に震災から四年近く経った二〇一四年十二月に入ってからであり、それが完了したのは翌年の五月であった。二〇一五年四月、私は新入生のゼミを担当したこともあり、ゼミ生を三グループに分け線量計をもたせ、すでに除染が完了している（とされていた）キャンパス中心部を自由に計測させた。確かに、学生の多くが行き交う箇所の線量はかなり下がってはいたが、放射性物質が集まりやすい箇所（雨水が集まる排水溝や雨樋等）で測らせたところ、雨樋の排水が集まる箇所で十マイクロシーベルト時を超える放射線量が検出された。学生たちも、この数値を目の前にして、さすがに「ヤバイ」と驚いていた。これが震災から四年以上も経った当時の「フクシマ」の現実であった。

このような環境の中、特に震災後の一〜二年の間、オーストラリアを研究する一大学教員の私が、学生たちの放射線防護に関してできることは非常に限られており、大きな無力感に襲われ続けた。

この落ち込んだ気持ちのところに追い打ちをかけるように、福島市内の旧コングレガシオン・ド・ノートルダム福島修道院が、地震による被害の修復に数千万円かけるぐらいなら、それを被災者の支援に振り向けたいという理由から、取り壊しを決定したというニュースが流れ、震災の翌年二〇一二年一月末に解体されてしまった。

一九三五年に建てられたこの修道院は、戦時中「特殊敵国人収容所」として国に強制的に借りあげられ、ウェスタンオーストラリア州フリーマントルからセイロン（現スリランカ）のコロンボへ向かっていた「ナンキン号」に乗船していた民間人を含む、百三十七名（内三十八名は女性と子供）が収容された。そのような福島とオーストラリアの歴史的な縁もあり、震災前の二〇一〇年六月、二日間にわたり福島市で開催されたオーストラリア学会全国研究大会では、桜の聖母短期大学（設置者は学校法人コングレガシオン・ド・ノートルダム）を初日の会場に使用させていただき、同短期大学に隣接する旧修道院の見学もさせていただいた。その企画や運営に関わった者の一人として、この歴史的な建造物の保存に何もできなかった自身の無力感は益々募るばかりであった。

そのような中、私に一筋の光を与えてくれたのは、震災直後の一番過酷な時期にも関わらず、多くの学生達が福島大学の交流協定校であるオーストラリア・クィーンズランド大学（The University of Queensland＝ＵＱ）への短期語学研修や交換留学に対する夢や希望を失わなかったことであった。

福島大学がＵＱと二〇〇一年十月に学術交流及び学生交流協定を締結して以降、私は交流連携員として、初めは交換留学生の派遣及び受け入れを、その後、二〇〇四年度からは語学研修の派遣にも関わってきた。

二〇一一年一月、ＵＱキャンパスを含む、ブリスベンの広範囲で大洪水被害が発生した時には、福島大学の学生で語学研修経験者が中心となって募金活動を行ってくれた。その二ヵ月後に発生した三・一一震災の際、今度はＵＱの教職員や学生たちが日本のアニメ上映会を開催することで、福島大学のために募金活動を行ってくれた。

例年九月に行われていた三週間の語学研修は、二週間に短縮されはしたものの、震災の翌年二月には無事催行された。その際、参加した学生たちはＵＱの学生や教員を前に震災後の「ＦＵＫＵＳＨＩＭＡ」の現状について、学生目線から、英語によるプレゼンテーションを届けることに成功した。これを契機として、その後の短期語学研修においても、学生たちの英語による情報発信は続けられている。

さらに、二〇一二年度には、ＵＱへの交換留学に必要な高い英語資格条件を見事クリアして、前期に二名、後期にも二名、計四名の交換留学生を福島大学から一年間派遣するという、これまでにない快挙を学生たちは成し遂げてくれた。二〇一七年九月末現在、未だにその派遣記録は破られてない。

またＩＣＴＥ―ＵＱ（ＵＱ附属の語学学校）はオーストラリア政府の日本復興支援奨学金に申請、二〇一二年八月末から五週間、七名の学生語学研修に授業料無料で招待してくれた。また、その際のホームステイ・ファミリーは、地震や津波、そして、原発災害に苦しんでいる「フクシマ」を応援したいと、無償で学生たちを受け入れてくれた。

このような語学研修に参加した学生の中からは交換留学生になった者も数名出るなど、さらなる高みを目指して世界へ羽ばたいていく者もいた。また、震災後、途絶えていたＵＱから福島大学への交換留学生派遣再開のきっかけは、語学研修における学生たちのプレゼンテーションであった。それにたまたま参加したＵＱの男子学生が、福島大学への留学を即断してくれたことで、二〇一五年度から受け入れ再開が始まった。

このように短期・長期を含め、学生たちの積極的な海外渡航意識の高まりもあり、原発震災に対して無力感しか湧かなかった私に「放射線からの保養にもつながる海外留学」という視点が新たに芽生えた。無論、海外留学に参加できる学生の人数も限られるし、それによる被ばく回避は微々たるものであるかもしれない。それでも、一週間でも二週間でも被ばく地から離れることで、学生たちの不要な被ばくを減らすお手伝いが（自己満足であることは重々承知の上で）できることは、私が「フクシマ」に残り続ける大きな動機づけの一つになった。

また、公私にわたる多くのオーストラリア関係者からの励ましや支援からも、私が「フクシマ」に留まる勇気を頂いた。もう三十年近くも前に、私が交換留学でお世話になったホストマザーは、わざわざＵＱ関係者に問い合わせて私の連絡先を探し出し、「家を売りに出しているけど、必要なら止めるから」とメールを送ってくれた。また、先述の福島でのオーストラリア学会で企画を担当してくれた、オーストラリア多文化主義の専門家で慶應義塾大学の塩原良和さんは、まだ空間放射線量の高かった二〇一一年五月に福島市までわざわざ足を運んでくれ、激励してくれた。

震災の年の九月、私はＵＱを調査・研究のため訪れたが、その際、今後の交換留学についてＵＱ側の窓口である「ＵＱ ＡＢＲＯＡＤ」の責任者マクレアリー（Ms Jan McCreary）さんと打ち合わせを行った。その際の訪問で私が一番恐れていたのは、「放射線に対する不安で福島大学への留学生派遣ができない。学生交流協定を破棄したい」という旨の申し入れがＵＱ側からなされることであった。しかし、マクレアリーさんからは「私がやめると言わない限り、やめることはありえないわ」と一笑に付されてしまい、私の危惧は全くの杞憂に終わった。この結果、先述の通り、翌二〇一二年には計四名の学生がＵＱへの交換留学へと旅立っていけたのである。

オーストラリア国立大学の日本近代史の専門家テッサ・モーリス＝スズキさんは、同年十月から十一月にかけて福島市を訪れ、震災後に設立された「子どもたちを放射能から守る福島ネットワーク」（通称「子ども福島」）や「ＣＲＭＳ市民放射能測定所 福島」（現「ＮＰＯ法人 ふくしま三十年プロジェクト」）等、市民による放射線防護の取り組みを取材、福島大学では教員有志との懇談会で「フクシマ」における現状について、長時間の議論にお付き合いいただいた。その後、この市民による活動は、モーリス＝スズキさんもメンバーで、ジュネーブに本部を置く人権擁護ＮＰＯ団体ＩＣＨＰＲ（The International Council on Human Rights Policy）のブログ記事（「Half-Life: Human Rights in Fukushima」）として紹介され、放射線防護策を十分に講じない日本政府や東京電力に対し、これを人権侵害だとして厳しく批判してくれた。

二〇一三年一月には慶應義塾大学、並びに、福島大学で豪日交流基金サー・ニール・カリー奨学金受賞公開講座「ポスト三一一期の日豪市民社会――対話と協働の可能性を探る」が開催された。この企画は先述の塩原さんに負うところ大であった。塩原さんの尽力でオーストラリアから二名の講師を招くことができたが、その内の一名はＩＰＰＮＷ（核戦争防止国際医師会議）共同代表でオーストラリア人医師ティルマン・ラフ（Dr. Tilman Ruff）さん、そして、もう一名は環境破壊や武器製造など、平和を脅かす企業を調べる社会的責任投資分野の投資アナリストであり、メルボルン在住の日本人有志が中心の平和活動グループＪＦＰ（Japanese For Peace）のメンバー、松岡智広さんであった。私も両名の講演から多大な刺激を受けることになった。特にラフさんは放射線防護の観点から年五ミリシーベルト以上の追加被ばくのある地域からは、子どものみならず、将来妊娠する可能性のある女性も避難させるべきだと、医師としてはっきりと述べてくれた。ちなみに、福島大学での講演会で、放射線に関わる難解な専門用語等を適切な日本語に通訳してくれたのは、日本のピースボートで国際的なＮＧＯネットワーク「武力紛争予防のためのグローバルパートナーシップ（ＧＰＰＡＣ）」を担当している、オーストラリア出身の才媛、メリ・ジョイス（Ms Meri Joyce）さんであった。ここでもオーストラリアとの縁を感ぜずにはいられなかった。

この福島大学での講演会には、シドニー日本クラブ（ＪＣＳ）の平野由紀子さん、そして、広島修道大学からオーストラリア文学研究者の一谷智子さん（二〇一七年六月現在は西南学院大学所属）が遠路はるばる来福してくれた。ＪＣＳは東日本震災で被災した児童等を支援するため、二〇一一年五月に平野さんを代表として「レインボープロジェクト」を発足、東北の被災児童達を自然と環境に恵まれたシドニーに招待し、保養を目的としたホームステイ滞在や現地学校交流会、伝統文化アクティビティー等の体験を提供してきている。また、被災児童達の滞在経費調達のために、チャリティーコンサート、映画上映会、講演会など、復興支援活動を兼ねたイベント等も通年で実施してきている。二〇一六年三月、シドニーでの「東日本震災五周年復興支援イベント」には、福島大学の学生で原発被災地出身者二名も招待され、英語によるスピーチを行い、原発災害発生からの五年間について、それぞれの思いをオーストラリアの人々に直接伝える機会を与えていただいた。

一谷さんは、二〇一四年三月、『オーストラリア研究』に「核とオーストラリア文学――B．ワンガーの写真集と連作小説を巡って」を発表、翌年その論文は、見事、「第一回オーストラリア学会優秀論文賞」を受賞したことは私自身も大変うれしかったと同時に、原発被災地に暮らす一研究者として大いに勇気づけられるものであった。

二〇一三年十一月、福島県飯舘村出身の酪農家、長谷川健一さんを福島大学に招いて「飯舘村・酪農家の叫び ｉｎ Ａｕｓｔｒａｌｉａ」と題して講演会を開催した。福島県酪農業協同組合理事や飯舘村前田地区区長を歴任した長谷川さんは、当時、東京電力福島第一原発爆発による高濃度の放射線汚染により、その全域が「計画的避難区域」に指定された飯舘村で、住民がいなくなった村の見回りを続ける一方、原発爆発後に購入したビデオカメラで、村で起きた悲劇や現実を克明に記録し、全国各地で自らの体験談を語っていた。二〇一三年三月、オーストラリアの団体の招きで、豪州各地で公演活動を行ったことを縁として、私の専門講義の時間に震災後の飯舘村、そして、オーストラリアでの体験についお話しいただいた。また、コメンテーターとして、長谷川さんの渡豪に同行したピースボートの共同代表で「核兵器廃絶国際キャンペーン（ＩＣＡＮ）」の共同代表もつとめる川崎哲さんにも参加していただいた。川崎さんは先述のメルボルン在住の松岡さんとも旧知の仲であり、現地では松岡さんも一行に同行している。一行はメルボルンや、シドニー、ブリスベン、キャンベラ、ダーウィンを巡った後、北部準州カカドゥ国立公園で、レンジャーウラン鉱山地域の先住民の代表イボンヌ・マルガルラさんや、隣接地域クンガラの代表で国立公園組み入れを勝ち取り、ウラン鉱山開発を阻止したジェフリー・リーさんとも面会している。ちなみに、同年三月十一日のシドニーでの長谷川さんの講演会は先述の「レインボー・プロジェクト」が主催、平野さんが中心となって受け入れてくれたものである。

以上、簡単ではあるが、三・一一後の「フクシマ」で子どもや若者たちがどのような環境に置かれていたのかを中心に思いつくままに回顧してみた。そして、そのような「フクシマ」の状態を憂いたオーストラリア関係者が、どのように私たちを励まし、支援してくれたかを紹介してきた。

戦争継続が主な理由だったことはともかく、戦時中でさえ、国は子どもたちを日本の将来を担う「国の宝」として疎開させた。それと比べ、「経済大国」や「先進国」になったはずの日本において、大量の放射性物質が降り注いだ地域（実は福島県に限ったことではない）から、主に経済的な理由から子どもたちにさえ避難する権利を与えようと日本政府はしなかった。それどころか、「二十ミリシーベルト基準」は計画的避難区域の解除基準にも用いられ、政府の原子力災害対策本部は、福島県の葛尾村と川内村は二〇一六年六月に、南相馬市は同年七月に避難指示区域を解除した。さらに同県浪江町と川俣町、そして、全村避難を強いられていた同県飯舘村でも、二〇一七年三月末に、富岡町では同年四月一日に居住制限区域及び避難指示解除準備区域の解除がなされた。この三町一村だけで子どもを含む三万二千人が帰還対象者に加わった。この意味において現代日本は、戦時中よりもさらにひどい、「次世代へつなぐ」ことさえも放棄した国である。

そして、これだけ多くの国民の人生に多大な影響を与えたにも関わらず、十分な検証や反省のないまま原子力発電所の再稼働に邁進する日本では、残念ながら今後も原発災害が発生するであろう。その場合、「フクシマ」が先例となり、この国が同じことを繰り返すことは目に見えている。すなわち、「フクシマ」の問題は、日本のどこか特定地域の問題ではなく、日本社会全体の「持続可能性」を大きく脅かす問題なのである。

参考文献

荒木田岳「福島原発震災およびその行政対応の歴史的背景・試論」（『同時代史研究』第五号、二〇一二年、三～一七頁）
伊藤孝志『日本が破壊する世界遺産』風媒社、二〇〇〇年。
松岡智広「第八章　ウラン採掘地から福島へのオーストラリア先住民の眼差し」（山内由理子編『オーストラリア先住民と日本　先住民学・交流・表象』御茶の水書房、二〇一四年、一六五～一八五頁）
村上雄一「放射線被ばくと人権に関する一考察――脱被ばくへ向けて」（『行政社会論集』第二十六巻第二号、二〇一三年一月、二四～五三頁）

【追記】

本稿校正中、ラフ氏が創設メンバー、そして、川崎氏が国際運営委員を務める「核兵器廃絶国際キャンペーン ICAN」が核兵器廃絶への取り組みが評価され二〇一七年のノーベル平和賞を受賞したというニュースが飛び込んできた。この場を借りて祝意を表したい。

港町アルバニーのアイデンティティ・シフト
——最後の捕鯨の町からアンザック発祥の地へ——

原田　容子

はじめに

ウェスタンオーストラリア州の州都パースから長距離バスに揺られて内陸を南に下って行くと、六時間程でアルバニーという小さい港町に辿り着く。ウェスタンオーストラリア州のほぼ最南端に位置し、南氷洋に相対する、天然の良港に恵まれた風光明媚な町だ。その人口が四万にも満たない地方都市に、二〇一四年十一月一日、二万とも三万とも言われた数の観光客が押し寄せ、ＡＢＣ国営放送の生中継によりオーストラリア全土の目が一気に注がれた。

二〇一四年は第一次世界大戦の開戦からちょうど百年目に当たる年で、ヨーロッパでは各地で記念式典が開催されたが、主戦場から遠く離れていたとは言え、母国英国の参戦と同時に戦争に巻き込まれたオーストラリアでも同様だった。一九一四年七月に始まった戦争に、オーストラリアはニュージーランドと共に開戦直後から母国に貢献すべくヨーロッパへ派兵をした。それが建国（一九〇一年）間もない時期だったこともあり、第一次世界大戦への関与はオーストラリアにとって国家としてのアイデンティティ形成の根幹となる歴史的出来事となった。

特に一九一四年に起こったトルコのガリポリ半島でオスマン帝国（現トルコ共和国）軍と対峙した戦いで戦った若き志願兵たちは、後に敬愛を込めて〃アンザック〃（ANZAC：オーストラリア・ニュージーランド陸軍部隊 Australia and New Zealand Army Corps の略）と呼ばれるようになり、彼らはその勇気、払った犠牲、互いを結ぶ特別な友情と共に伝説化していった。そして現在、ガリポリは真の意味でオーストラリアが国家として誕生した地と称する人たちもいる。その祖国から遠く離れた地で命を落とした若者たちが〝最後に見た祖国オーストラリアの地〟とされたのがアルバニーだった。

当時兵士たちの多くがオーストラリア及びニュージーランドの各地から陸路、そして海路でアルバニーに集合。そこから船でインド洋を渡り、エジプトを経由し、ガリポリを含む戦線へ送られていった。そのような史実から、第一次世界大戦百周年に際し、アルバニーは〝アンザック〟発祥の地として脚光を浴び、第一船団が出港したのが一九一四年十一月一日だったことから、それから百年目に当たる二〇一四年十一月一日に、同地で盛大な式典が開催されたのだ。それは、小さい地方都市の名前が正式に国の歴史に刻まれた瞬間だった。

しかし、その日は同時に、それまでのアルバニーのアイデンティティが陰に追いやられた日ともなった。実はアルバニーはそれまで、オーストラリアの「最後の捕鯨の町」として人々に記憶されていた。現在反捕鯨の立場を明解に示しているオーストラリアだが、昔は自身も捕鯨を行っていた。しかし、産業構造の変化、石油の発見による鯨油需要の減少、乱獲による鯨資源の枯渇、それに伴う国際的な捕鯨の規制などにより、徐々にオーストラリアの捕鯨基地は姿を消して行った。

そのような情勢の中で捕鯨を継続したのが、アルバニーにあった捕鯨会社で、その会社が事業を畳んだ一九七八年十一月が、オーストラリアの捕鯨業が幕を下ろした時でもあった。以後、アルバニーはオーストラリアの人々の間で「最後の捕鯨の町」と認識されてきたのだが、そのアイデンティティに、アンザックの百周年が巡って来たことで大きな変化が生じたのだ。この章では、アルバニーのアイデンティティ・シフトに焦点を当て、「名誉な過去」と「不名誉な過去」について考察をする。

一　アルバニー二〇一四

二〇一四年十一月一日、晴れがましい式典を開催するに相応しい清々しい青空がアルバニーに広がった。十一月と言えばオーストラリアでは夏の入口だが、国の中でも緯度が低い方に入るアルバニーは、式典当日まだ長袖を着るような気候であったが、強い日差しは確実に夏を感じさせた。そのようなまたとない好天の下、地元の人たち、観光客、そして国内外の要人がウェスタンオーストラリア州の港町の中心部に集まって来た。それは四年に亘る〝アンザック〟記念事業のこけら落としとなった式典だった。

オーストラリア社会において〝アンザック〟は特別な地位を占める。オーストラリア大陸に英国が形成した六つの植民地が一つの連邦政府の下に集まり、オーストラリア連邦という国家が誕生したのは一九〇一年一月一日のことであるが、これは前年母国英国の議会が、オーストラリア連邦を構成することを承認する法律を成立させたことで実現した。これが、同じく英国の植民地だったが、独立戦争を戦い国家を形成したアメリカ合衆国と決定的に違うところだ、とよく言われる。オーストラリアには国家形成時に米国のような国民が共有する劇的な物語はなく、連邦成立当初はオーストラリアがオーストラリアであることの所以、自国のアイデンティティの核となるものは何か、が問われた。

写真１　「アルバニー船団記念式典」に集まった人々
(2014 年 11 月 1 日、筆者撮影)

そのような国家としての歴史が浅い時期に起こったのが第一次世界大戦だった。オーストラリアは、英国がドイツと戦闘状態に入った一九一四年八月四日に自動的に遠く離れたヨーロッパでの戦争に参加することとなった。当時オーストラリアはちょうど連邦政府の選挙戦に入っていたが、両陣営ともに母国英国を全面支援することを宣言し、後に首相となるオーストラリア労働党のアンドリュー・フィッシャーは「オーストラリアは最後の一人、最後の一シリングまで母国を助け防衛するために母国の傍らに立つ」と宣言したことが知られている[1]。

そして英国の宣戦布告直後からオーストラリア国内での志願兵の募集が開始され、最終的に四十二万人弱の人たちが入隊、内三十三万人強が海外へ派遣された[2]。戦争を通しての戦死者は約六万人で、世界史上初めての総力戦と言われた第一次世界大戦全体の犠牲者の数からすると決して大きな数字ではない。しかしながら、当時のオーストラリアの人口が五百万人に満たず、また命こそ落とさなかったものの、負傷をした者が十五万人を越えていたことを考えると、戦後も含め第一次世界大戦がオーストラリア社会に与えた影響には多大なものがあった。

このようにオーストラリアにとって重要な歴史上の出来事であった第一次世界大戦の中で、特にオーストラリアの人々の感情が注がれたのが現トルコのダーダネルス海峡の入口に位置するガリポリ半島でのオスマン帝国との攻防戦、そしてそれを戦った兵士たちに対してだった。一九一四年四月二十五日の未明、オーストラリア、そしてニュージーランド軍の兵士たちは、後にアンザック・コーブと呼ばれるようになるガリポリ半島の一角にある入り江に上陸を開始した。これは英国及びフランス軍によるオスマン帝国の首都、コンスタンチノープルを攻略するための作戦の一環で、当初は短期間で終わることが想定されていた。

しかしオスマン帝国側の執拗な抵抗に遭い、戦いは長期化した。上陸した海岸は丘が目の前に迫っている地形で、兵士たちは敵を仰ぎ見る形で、勾配のある地に塹壕を掘り、そこに身を隠しながらの厳しい戦いを強いられた。結局、英国がガリポリ半島からの撤退を同年十月に決定。オーストラリア・ニュージーランド軍は苦しい塹壕戦を凌いだ後、十二月二十日にガリポリ半島を後にした。この作戦でオーストラリアは八千人超の犠牲者を出した[3]。

このように、ガリポリでの戦いは英国軍率いる連合軍の負け戦となったのだが、この厳しい環境の中で戦った自国の若者たちの様子が従軍記者などによって本国に伝えられるに至り、オーストラリアの人々の感情は、祖国から遠い地で戦った彼らに移入されていった。彼らがガリポリで見せた勇気や忍耐、彼らが払った犠牲、そして兵士同士の友情が美談として記憶されるようになり、元々「オーストラリア・ニュージーランド陸軍部隊」の略称であった〝アンザック〃は、ガリポリで戦った兵士たちを指す固有名詞と化し、伝説化して行った。国家としてのオーストラリアは、ガリポリで誕生したのだ、との言説も生まれた。

現在、オーストラリアでは毎年四月二十五日は「アンザック・デー」という国民の休日である。ガリポリで亡くなったアンザック兵のことを想い、国内で、また海外の縁の地で開かれていた追悼式典が、徐々に全国的な広がりを見せ、戦後の一九二七年から各州が市民の休日としている。〃アンザック〃という言葉も、ガリポリで戦った兵士たちから、第一次世界大戦を戦った兵士たち、そして第二次世界大戦に従軍した者、と適用が広がり、今では現役の軍人を含め、祖国のために従軍した者、している者全ての人たちを記念する日となっている。当日はアンザックがガリポリに上陸を開始した時間である早朝に「夜明けの儀式」が行われ、日中には、町の目抜き通りで退役軍人を中心に、現在軍に所属している人たち、また軍人の家族などが行進を行うのが通例である。オーストラリアにおいて、一年の内で一番ナショナリズムが高揚する日、と言って良いだろう。

このような歴史的背景があり、第一次世界大戦の百周年はオーストラリアが〃アンザック〃誕生百周年を記念する契機となった。オーストラリアでは第一次世界大戦開戦百周年の二〇一四年から、終結百周年に当たる二〇一八年まで、アンザック百周年を記念する期間に設定し、記念行事を随時開催している(4)。そして先に記したように、その四年間に亘る特別な期間の初っ端の式典が開催された地がアルバニーだった。百年前、オーストラリアを出発して行った兵士たちは船でインド洋を航行し、ガリポリを含むヨーロッパ戦線へ送られて行ったが、その第一船団が出港したのが一九一四年十一月一日、アルバニーからだったことから、その名誉ある式典が、普段はほとんど全国ニュースになることがないウェスタンオーストラリア州の港町で開催されたのだ。

十一月一日を挟んで、アルバニーでは三日間に亘る「アルバニー船団記念式典」が開催された。前日は夕方からプリンセス港に面した、新しく整備された「アンザック・ピース・パーク」と命名された会場で、オーストラリア海軍による式典がまず執り行われた。そして本番となった一日は、アンザックの行事に相応しく、退役軍人及び現役の兵士たちによるアルバニーの目抜き通り「ヨーク・ストリート」の行進で開始。その後「アンザック・ピース・パーク」

で式典が開催された。式典にはトニー・アボット首相（当時）はもちろん、ピーター・コスグローブ連邦総督、そしてアンザックの片割れ、ニュージーランドのジョン・キー首相（当時）が出席。加えて、海外からの賓客としてガリポリで共に戦ったフランス、そして第一船団の護衛任務を旧日本帝国海軍の巡洋戦艦が遂行した史実から、日本からも政府代表者が列席した。

その後、この百周年を機に、アルバニーに新しく設立されたアンザック兵たちと彼らの物語を展示した博物館「ナショナル・アンザック・センター」を、アボット、キー両首相及びウェスタンオーストラリア州のコリン・バーネット州首相（当時）が正式にオープン。そのセンターが見下ろすキング・ジョージ入り江では、百年前出発していった船団の航跡を辿りつつ、オーストラリア軍、ニュージーランド軍、及び日本の海上自衛隊の船計七隻によるパレードが行われた。そして最終日は、前日の船のパレードに参加した船の内、三隻の艦船見学会が開催され、市民が招待された。そこには、海上自衛隊の護衛艦「きりさめ」の姿もあった。

コスグローブ連邦総督が「まったくもって素晴らしかった」と絶賛したように、アンザック百周年を記念するアルバニーでの行事は全く滞りなく、大成功に終わった(5)。その様子はメディアによって全国へ発信されたが、特に二日目はオーストラリアの国営放送ＡＢＣが長時間に亘って全国へ生中継をしたことから、衆目が集まることとなった。そのような形でアルバニーはアンザックの発祥の地である、という物語がオーストラリアの国民の間に膾炙して行った。オーストラリアの政治や経済、また文化の中心からは遠く離れたウェスタンオーストラリア州南端の港町アルバニーが国のレベルで注目され、国の基礎となる歴史にその名を刻んだ瞬間であった。

二　全国区の舞台への道

アルバニーは「アンザック・デー」の「夜明けの儀式」を最初に行った町ではないか、と言われているが、やはり第一船団が出発して行った地として、地元の人たちの間ではアンザックに対する思いは特別なものが元々あったであろう。そして、百周年という節目がやって来るのは以前よりずっとわかっていたことなので、町としてはかなり前から二〇一四年という年に何らかの記念行事をすべく、照準を合わせていたことは想像に難くない。ただ、それが国家の行事の一部となるべく、具体的に動き出したのは、二〇一〇年だった。

その年のアンザック・デーに、ケビン・ラッド首相（当時）は「アンザック百周年記念に関する国家委員会」（National Commission on the Commemoration of the ANZAC Centenary）の設立を発表。百周年を機に、アンザックをどのように讃え、記念したらよいか、広く、またボトムアップの形で国民から意見を聞きたいとした(6)。同時にマルコム・フレーザー、ボブ・ホークの両元首相、復員軍人会ＲＳＬ（Returned and Services League of Australia）の会長、ケン・ドゥーラン海軍少将の三氏が委員となり、加えて防衛省、国立戦争記念館の代表者及び退役軍人担当大臣がサポートすることも公表された。

委員会では同年の七月から一般からの提案の受付を開始し、年末までに海外からのものも含め、六百件を超える応募があった(7)。それを元に委員会が協議を重ね、翌年三月に政府に対して答申をした。八十四ページに亘る答申書には、ガバナンスの問題から、資金の件、またメディアの活用の仕方、そして最も肝心なアンザック百周年記念事業のコンセプトと、具体的な内容まで広範に亘る提案が含まれていたが、その中にアルバニーが一つの項目として登場したのだ。委員会はヨーロッパ戦線へ渡ったアンザック兵たちが出発をしていった地、アルバニーを百周年記念事業のスタート地点とすることを提案。具体的に二つの案件に言及をした。一件は、百年前アンザック第一船団がアルバニーを出港して行った様子の再現をし、それを生中継すること。もう一件はアルバニーにアンザックのことを伝える展示センターを作ることだった。

アルバニーはこの国の委員会設立の動きを受けてアルバニー市とＲＳＬのアルバニー支部が「アルバニー・アンザック百周年・連合」（Albany Centenary of Anzac Alliance）を結成(8)。その組織が中心となって百周年へ向けた企画を練り、その案を委員会に提出していた。答申書の内容は、その提案への前向きな回答だった訳だが、これは正にアルバニーの熱い想いを、国が拾い上げ、アンザック百周年に際し小さな港町が全国レベルで注目される起点となる出来事であった。

その後この委員会の提案を政府が受け入れ、アルバニーでの記念事業が国家プロジェクトとなっていった。二〇一一年七月には展示センター建設のための事前調査用に連邦政府から二十五万豪ドルの予算拠出が決まり、八月には六月にラッドに替わって首相の座に就いていたジュリア・ギラードがアルバニーを訪問し、地元の計画の内容について説明を受けた。これを受け、同じ年の十一月に展示センターの建設費千三百万豪ドルの拠出が発表された(9)。翌年四月にはギラード首相が再度アルバニーを訪問し、センターへの追加資金五百万豪ドルの拠出、同時に船団出発の再現イベントの事前調査費として三十万豪ドルを提供することが発表された(10)。

このように委員会の答申が出てから、二〇一四年の十一月目指してひたすら前進したアルバニーだったが、最終的に晴れの日を迎えるまでの道は決して平坦ではなかった(11)。アンザック・センターに関しては、建設予定地の決定が遅れたり、マネジメントに問題が発生したりし、その上途中で資金不足が表面化し先行きが不透明な状態にも陥った。また式典当日の最大の目玉であった船団が出港して行った様を再現するイベントに関しても、資金の問題、また実際のオペレーション上の問題で頓挫をしかけた。百年前、アルバニーから出発した船団は、兵士や馬などを乗せた三十六隻の船と、それを護衛する三隻の軍艦の計三十九隻で構成されていた。三十九隻の船が粛々と錨を上げ、順々に出航して行く様は想像するだけでも実に雄大で荘厳だ。しかし、それだけの数の船を式典のために集めるのは物理的にも、そして何より資金的にも不可能で、事前調査ではニュージーランドの船も加えて四隻程度での実施が現実的、との結果が出てしまっていた。

最終的には潜水艦一隻を含むオーストラリア海軍の船が五隻、ニュージーランド海軍の船が一隻、そして日本から海上自衛隊の護衛艦「きりさめ」が参加することで七隻での実施となった。百年前の船団の規模からするとかなり小規模な再現イベントとなったが、それでも当日の好天にも助けられ、船のパレードは当日のハイライトとなり、第一船団の出発を象徴するイベントとして成功を収めた。その意味では、ローカルな行事に終わりそうだった船団式典に日本がオーストラリア政府からの要請に応えて急遽参加したことは、アルバニーでの行事に国際色を多少なりとも施すことになり、その貢献は大きかった。

このように地元の熱い想いはありつつも、二〇一四年十一月一日を迎えるまでには、実に多くの困難があった訳だが、それは当日が成功裡に終わったことから、コスグローブ連邦総督がいみじくも述べたように、その地元の努力と苦労が報われた形となった。連邦総督はメディアに対して、ここしばらくアルバニーが全国紙の一面を飾り続けたことで、オーストラリア全土の人たちがあの美しい町を、あの歴史的に重要な町を見に行かなくては、と思ってくれるとしたら本望ではないか、と話した(12)。

特に「ナショナル・アンザック・センター」は一過性の式典とは異なり、後世に形として残るハコモノである。アンザック百周年記念の期間ということもあるからだろう。この式典以降アルバニーを訪れる観光客は増加し、アルバニー市としては二〇一五年の六月までに四万人の人たちがセンターを訪れる試算をしていたが、実際には同年のアンザック・デーの時点で五万人を越える来場者を迎えることとなった(13)。その年「センター」はウェスタンオーストラリア州のウェスタンオーストラリア遺跡賞を受賞し、ユネスコのアジア太平洋部門文化遺産保全賞の選考にもエントリーをした(14)。アルバニーは全国区になったのみならず、国際舞台に登場する可能性をも手に入れたのだ。

以来、「センター」はトリップアドバイザーのサイト上でアルバニーにおける一番人気の観光スポットとなっている。オーストラリアの政治の中心地である大陸の東側からはもちろん、ウェスタンオーストラリア州の州都パースからも遠方に位置する地方都市は、国の礎となるアンザックの歴史にその発祥の地として組み込まれることで、すっかり全国区の認知度を得たのだ。

三　アルバニーの礎

このように自他共に認める「アンザック発祥の地」というアイデンティティを、アンザック百周年を機に手に入れたアルバニーだが、実はその陰でそれまでのアルバニーのアイデンティティからのシフトが進行していた。アルバニーは、今回アンザック百周年で脚光を浴び、「アンザック発祥の地」と言われるまでは、オーストラリアの中で最後まで捕鯨をしていた町であったことから、「最後の捕鯨の町」として一般には記憶されていたのだ。

現在オーストラリアは反捕鯨国として世界に名を馳せている。二〇一〇年に捕鯨国である日本を国際司法裁判所に訴え、日本が南氷洋で行う調査捕鯨の正当性を問うたことは記憶に新しい。しかし、そのオーストラリアもかつては捕鯨国で、英語圏の中では最後まで捕鯨をやっていた国、と不名誉な意味合いを込めてよく称される。オーストラリアが捕鯨に正式にピリオドを打ったのは一九七九年四月の政府の決定をもってだったが、その前年、最後まで残っていた捕鯨会社、チェイニーズ・ビーチ捕鯨会社（Cheynes Beach Whaling Company）が事業を閉鎖したことで、実質オーストラリアの捕鯨産業は幕を閉じていた。その最後の捕鯨会社があったのがアルバニーだった。

チェイニーズ・ビーチ捕鯨会社は第二次世界大戦後、一九五〇年代にオーストラリアが捕鯨業を復活させた時期に設立された全国六ケ所にあった捕鯨基地の一つだった。ほどなくして全ての捕鯨業者が捕獲していたザトウクジラの資源量が枯渇してきたことから、国際捕鯨委員会でザトウクジラの捕獲が禁止され、オーストラリアの捕鯨会社は事業からの撤退を余儀なくされた。しかしながら、アルバニーではマッコウクジラへのアクセスがあったことから、マッコウクジラを捕獲することで事業が継続されていた(15)。

一九七〇年代に入り、国内外で鯨保護、捕鯨批判の声が強くなる中、鯨油価格の暴落など事業継続が年々厳しくなり、一九七八年に入って経済的な要因が主な理由で事業を閉鎖することが発表され、十一月に最後の鯨を捕獲、それをもってチェイニーズ・ビーチ捕鯨会社はその歴史にピリオドを打った(16)。折からの国際舞台での反捕鯨運動の高まりを反映し、事業閉鎖の前年からはウェスタンオーストラリア州のはずれの小さな港町に反捕鯨を叫ぶ活動家が押しかけ、チェイニーズ・ビーチ捕鯨会社への抗議活動を繰り返しており、アルバニーは捕鯨と強く結びつけられる形でオーストラリアの人々に記憶されることになったのだ。

この戦後の出来事に加え、アルバニーには戦後期に留まらない捕鯨史が存在している。アルバニーを含むウェスタンオーストラリア州の南東部の海域は昔も今も鯨が多く回遊している地域で、オーストラリア大陸の西半分に英国が正式に入植を始める前から、米国などの捕鯨船が出没していた。

そのような状況下、他国に入植されてしまうことを恐れて、英国は一七九一年に探検家、ジョージ・バンクーバーを差し向け、バンクーバーはアルバニー近辺の英国の領有権を宣言すると共に、現キング・ジョージ入り江、そしてその奥の現プリンセス港を測量、命名した[17]。続いて一八〇一年にマシュー・フリンダースが更なるアルバニー地域の探検をし、それから更に四半世紀経った一八二六年、英国はエドムンド・ロキアーを送り、防衛、そして囚人送致の目的でアルバニーに入植した。

ただその後英国はオーストラリア大陸の西側の入植を、現在のパースがあるスワン川の入口近辺から正式に行うことを決定し、一八二九年からスワン・リバーと名付けたその植民地の開拓を始めたことから、アルバニーへの関心は植民地政府の中で低くなってしまった。しかし、アルバニーは人口規模は小さいながらも開拓地として存続し続け、その時期にアルバニーと捕鯨の関係が培われていった[18]。

先に述べたように、オーストラリアは現在反捕鯨国として国際舞台では認知されているが、捕鯨業は植民地時代の早い時期にその経済を支える産業の一つだった。それはもちろんオーストラリア大陸の海域に鯨が多く回遊して来るからだが、入植した土地の開拓が進み、農業などで土地から利益が得られるようになるまで、植民地は鯨やアザラシなど、天然のものを搾取し、利益を得ることで経済を回したのだ[19]。

捕鯨業が初期のオーストラリア植民地においていかに重要だったかは、オーストラリアの歴史の大家ジェフリー・ブレイニーが主著『距離の暴虐』(*The Tyranny of Distance*)において、一章を捕鯨者の話に費やしていることからも窺える。第五章「捕鯨者」(「Whalemen」)でブレイニーはニューサウスウェールズ植民地において捕鯨は一八三九年代の前半ぐらいまで、捕鯨による輸出額は羊毛のそれより多く、その後は羊毛産業が急伸するが、遅くとも一八四四年までは捕鯨も主要産業であったことを指摘する[20]。オーストラリアはかつて「羊の背に乗って来た」言われるほど、羊毛業が経済の柱だったことが知られているが、羊の背に乗る前は〝鯨の背〟に乗っていた、と言うことが出来るのではないかと思うほど、鯨との関係は深いものがあったのだ。

シドニーやタスマニア州のホバート、またヴィクトリア州の南海岸での捕鯨の記録に比べると、ウェスタンオーストラリアの捕鯨は入植が遅かった分立ち上がり時期も遅く、スワン・リバー植民地経済への貢献度も時期によりバラツキがある。それでも土地が痩せていたり、労働力が不足しているなど、植民地開拓がなかなか順調に進まなかった状況の中で、アザラシ猟などと共に、捕鯨は開拓に貢献した[21]。

肝心のアルバニーに目を向けると、植民地政府の関心が逸れてしまってからは、しばらく大きな発展はなく、入植した人たちが細々と生き残りをかけた努力をして行かざるを得なかったが、彼らが手掛けた商売の中に、鯨油の販売があったことが記録されている[22]。同時に、英国人の入植前からウェスタンオーストラリアの西沿岸、そして南沿岸を訪れていたアメリカの捕鯨者たちは、それ以後も継続してキング・ジョージ入り江を訪れており、アルバニーの住民との接触、交流があった。地元住民は捕鯨船に補給するための水や薪を、捕鯨船は地元では手に入りにくい工具などの物品を売買、あるいは物々交換の形でやり取りし、開拓地アルバニーは存続していく糧を得ていた。このようにアルバニーが後々町に発展していく基礎の部分で、捕鯨から少なからぬ恩恵を受けたことがわかるのである。

捕鯨は、アルバニー近辺のみならず、ウェスタンオーストラリア、そしてオーストラリア全土で十九世紀の終わりには一旦終息を迎えたが、一九〇一年のオーストラリア連邦成立後に復活をする。当時の捕鯨先進国であったノルウェーの捕鯨業者がニューサウスウェールズ州及びウェスタンオーストラリア州に捕鯨基地を設立した[23]。その内の一つが一九一二年にアルバニーのフレンチマンズ湾に開設した捕鯨基地だった。その基地のオペレーションは一九一六年に終わるが、第二次世界大戦後に同じフレンチマンズ湾に一九五二年に設立されたのが、オーストラリア最後の捕鯨業者となったチェイニーズ・ビーチ捕鯨会社だったのだ。

このように、アルバニーには植民地時代から脈々と続く捕鯨との関係史が存在している。そしてその形跡は今でも目に見える形でアルバニーに残る。チェイニーズ・ビーチ捕鯨会社は一九七八年に閉鎖となるが、残された捕鯨基地は廃墟となることなく捕鯨博物館に転換され、世界でも珍しい往時の捕鯨基地の様子がほとんどそのまま見学出来る施設となっている。昔鯨を解体したデッキや、鯨油を抽出した機械類、従業員が使用した小屋は今も残り、鯨油タンクも中は映像シアターやパネル展示場に改装されたが、外観は操業時のままの姿で現存している。実際に使われていた捕鯨船も一隻係留され、その威容を見せる。「ホエール・ワールド」と名付けられたその博物館は、一九八〇年の開業以来、アルバニーの歴史の重要な一端を伝える大切な生きたモニュメント、そして観光資源として存在してきた。

この「ホエール・ワールド」に象徴されるように、捕鯨はアルバニーのアイデンティティの重要な部分を占めて来た。そしてそれは地元の人たちの間ではもちろん、広くオーストラリア社会においても認知をされてきたことだったのだ。

四　名誉な歴史、不名誉な歴史

ところが、アルバニーがアンザック百周年に向けて、アンザック発祥の地として自己アピールをし、また外部からも注目を集めるようになった頃から、捕鯨の町アルバニーというアイデンティティに疑問符が付き始めた。

二〇一二年の四月にギラード首相がアンザック百周年事業に関してアルバニーを二度目に訪れた際に、囲み取材である記者が次のような質問をした。「アルバニーのことは多くの人たちが最後の捕鯨の町として認知している。アルバニーのアイデンティティにおいて、アンザックの物語の方が大きな部

写真２（右）　見学用に係留されている旧捕鯨船
写真３（左）　展示場として使用されている旧鯨油タンク
(2011 年 11 月 8 日、筆者撮影)

分を占めていないことに驚かないか。」(24)

それに答えて、ギラード首相は「驚きはしないけれど」と前置きした後で、「ここアルバニーにアンザックの物語を伝える展示センターを作り、第一次世界大戦から百周年、そしてアンザック伝説誕生から百周年という契機に、アルバニーとその歴史に正しい焦点を当てて、アルバニーが果たした役割がいかに大きかったかが一般に周知されることで、アルバニーの歴史のアンザックに関わる物語が、もっとオーストラリアの人たちに知られることになると思う」と述べた。

そしてこの首相の言葉は地元の退役軍人や歴史愛好家から歓迎された。彼らは長年アルバニーがアンザック兵たちが祖国オーストラリアを発って行った地としてではなく、最後の捕鯨の町として記憶されていることをずっと嘆いてきたのだ、と報道された(25)。

ギラード首相のセリフ、特に「アルバニーとその歴史に正しい焦点を当てる」という文言、そしてそれを歓迎する地元の人たちの反応から汲み取れるのは、これまで捕鯨との関係でアルバニーのことが語られてきたのは、町の歴史の間違った部分に焦点が当てられてきたからだ、そしてそれは決して喜ばしいことではなかった、とする感情である。そして、その逆に、アンザックとの関わりこそが町を認識する上で正しい事柄なのだ、という価値観が現われている。人々はなぜそのように思うのか。言う間でもなくそれは、多くのオーストラリアの人々が、現在「捕鯨」に対して負のイメージを抱いていることに原因がある。

先述のように、オーストラリアが捕鯨を放棄したのは一九七八年で、米国が一九四〇年、英国は一九六〇年には商業捕鯨を中止したことを考えると、かなり遅れを取った印象がある。そのようなこともあってか、一九七九年に正式に捕鯨を中止、また禁止する、と政府が発表してからは、一八〇度方針を変換し、以後一貫して反捕鯨陣営の急先鋒として声を上げ続けている。結果、自国の捕鯨の歴史はややもすると、所謂〝黒歴史〟の扱いを受け、言及を避けるか、反省すべき負の遺産として描かれるか、あるいはもっとストレートに忌むべき過去として表現されることが多い。

例えば、二〇〇三年はチェイニーズ・ビーチ捕鯨会社が事業を閉鎖し、アルバニーでの捕鯨が終わってから二十五年目となる節目の年で、地元紙「アルバニー・アドバタイザー」は十一月に二十五周年を記念する特集を発行している[26]。「鯨—捕獲から観賞へ」(Whales: From hunting to watching) と題された特集号は、チェイニーズ・ビーチ捕鯨会社や「ホエール・ワールド」の歴史年表、閉鎖の経緯、そこで働いた人たちの思い出話、今後の観光資源としてのホエール・ウォッチングの話などを収録しているが、最終ページに掲載されている「ホエール・ワールド」の広告には「我々の血塗られた歴史はもう二十五年も昔のことになった」("OUR BLOODY HISTORY IS NOW 25 YEARS IN THE PAST") とのコピーが記載されている。これは捕鯨という生業が、オーストラリアで中止されてからどのように見られるようになったかを如実に表わす表現である。自分たちはかつて捕鯨に従事していたが、それは飽くまでも過去の一ページのことで、今はその忌まわしい過去とはきっぱりと決別している、ということを強調している文言である。

このような多くのオーストラリアの人たちが捕鯨に対して持つ印象の悪さを考えると、アルバニーがアンザック百周年を機に、アイデンティティのシフトを図ったのは無理からぬことのように思える。もちろん、アンザックにしても、それを賞賛し、国の礎とすることに批判がない訳ではない。例えば歴史学者のマリリン・レイクは、オーストラリアの歴史が戦争のエピソードのみによって彩られて行くこと、つまり〝歴史の軍事化〟を批判する[27]。そして、連邦政府設立前後の国を形作っていく動きや、第一次世界大戦時、もっと多くの若者たちを戦地に送るため、徴兵制を導入しようとする政府に対し、戦争中に行われた国民投票で二度までも市民はノーを突きつけたことなどを例に出し、第一次世界大戦に差し掛かる頃は、オーストラリアで民主主義が定着していった重要な時期だったと指摘。現在の民主国家オーストラリアの基礎を形成したのは軍人たちではなく、志を持った政治家、活動家、そして市民だったのではないか、と主張している。

それでも、世界的にナショナリズムの高揚が認められる昨今、祖国のために犠牲を払うとされる兵士たちは美化され、ちょうど百周年という契機が巡って来たこともあり、国家が積極的にコーディネートする形で、アンザックはオーストラリアのアイデンティティの核である、というコンセンサスが以前にも増して強まることになった。それは国民が誇ることが出来る歴史であり、従って、その物語にリンクして行くことは、個人であっても、またアルバニーのように町であっても、名誉なことと捉えられるのである。

翻って、捕鯨の歴史はどうだろうか。先に見て来たように、捕鯨はアルバニーのみならず、オーストラリアという国全体の歴史に非常に重要な地位を占めている。それは、ただ過去にそのような産業も存在した、という程度のことではなく、オーストラリア大陸に成立した各植民地が生き延びていくための鍵となった産業の一つだったのだ。穿った見方をすれば、入植当時、捕鯨によってアルバニー近辺が細々とでも開拓され、生き残り、連邦政府成立後に町として存立していなかったら、アンザックの発祥地となることもなかったかもしれない。

しかし、このアルバニーの例から読み取れるのは、現在負の印象を持たれている事柄との過去の関りを「誇れる歴史」として喧伝し、肯定的に認識してもらうのはなかなか困難だ、ということである。捕鯨はアルバニーを、そしてオーストラリア自身を存在たらしめた産業であるが、その歴史的事実、重要性は、捕鯨という生業に付着してしまった負のコノテーションで覆い隠されてしまった。アンザックはオーストラリアに軍隊が存続する限り、常に新しい物語が生まれ、そして過去の物語がその都度再生産されていく存在だが、捕鯨は過去に完結してしまっている産業であり、今のオーストラリアの人々には直接関わりのないものだ。結果、断罪、切り捨て、そして忘却することが容易なのである。

かくて「最後の捕鯨の町」という不名誉な歴史を抱えていたアルバニーは、アンザック誕生から百年に当たる節目に、名誉な歴史であるアンザックの「発祥の地」へと、そのアイデンティティをシフトさせた。歴史は現在の人が、現在の価値観に照らして記録する、ということをこのアルバニーの例は明示したのである。

おわりに

「アンザック船団記念式典」開催から丸二年の二〇一六年十一月一日、「ナショナル・アンザック・センター」のフェイスブックには、開業以来の訪問者が十四万六千人を越えたことが投稿された(28)。この、オーストラリアの他の都市からのアクセスが決して楽ではない町に、引き続き多くの観光客が訪れているのは、二〇一二年にギラード首相が述べたように、アルバニーの歴史に〝正しい焦点〟が当たったことで、アルバニーと、国民の間で人気の高いアンザックとの関係が広く認識されることになった結果だろう。アルバニーは「最後の捕鯨の町」から「アンザック発祥の地」にアイデンティティをシフトさせることで、オーストラリアの国史にその名前を刻み、明らかに国内における知名度を上げたのだ。

それでは、アルバニーの、そしてオーストラリアの捕鯨史はただ消えて行くのみなのだろうか。

実際のところは、そうとも言い切れない。右に記載したように、二十五周年を迎えた際には、自らその過去を〝血塗られた歴史〟と称し、不名誉な過去との決別をアピールした「ホエール・ワールド」だが、二〇一〇年に施設が三十周年を迎えた際に発行された新聞の特別版には「人々が今捕鯨のことを何と思おうと、アルバニー沖で船を操業した男たちが、海に出た日一日一日に命を懸けたことは疑いようがない」との一文が綴られている[29]。そして、二〇一一年十一月に私がアルバニーを訪れた際には、散逸しつつある捕鯨の体験談を記録しようとする努力の跡が見られた。捕鯨基地で働いた経験のある人、働いていた人を知っている人は是非名乗り出て欲しい、捕鯨基地での体験を聞かせて欲しい、との呼びかけの紙が博物館内に掲示されていた。

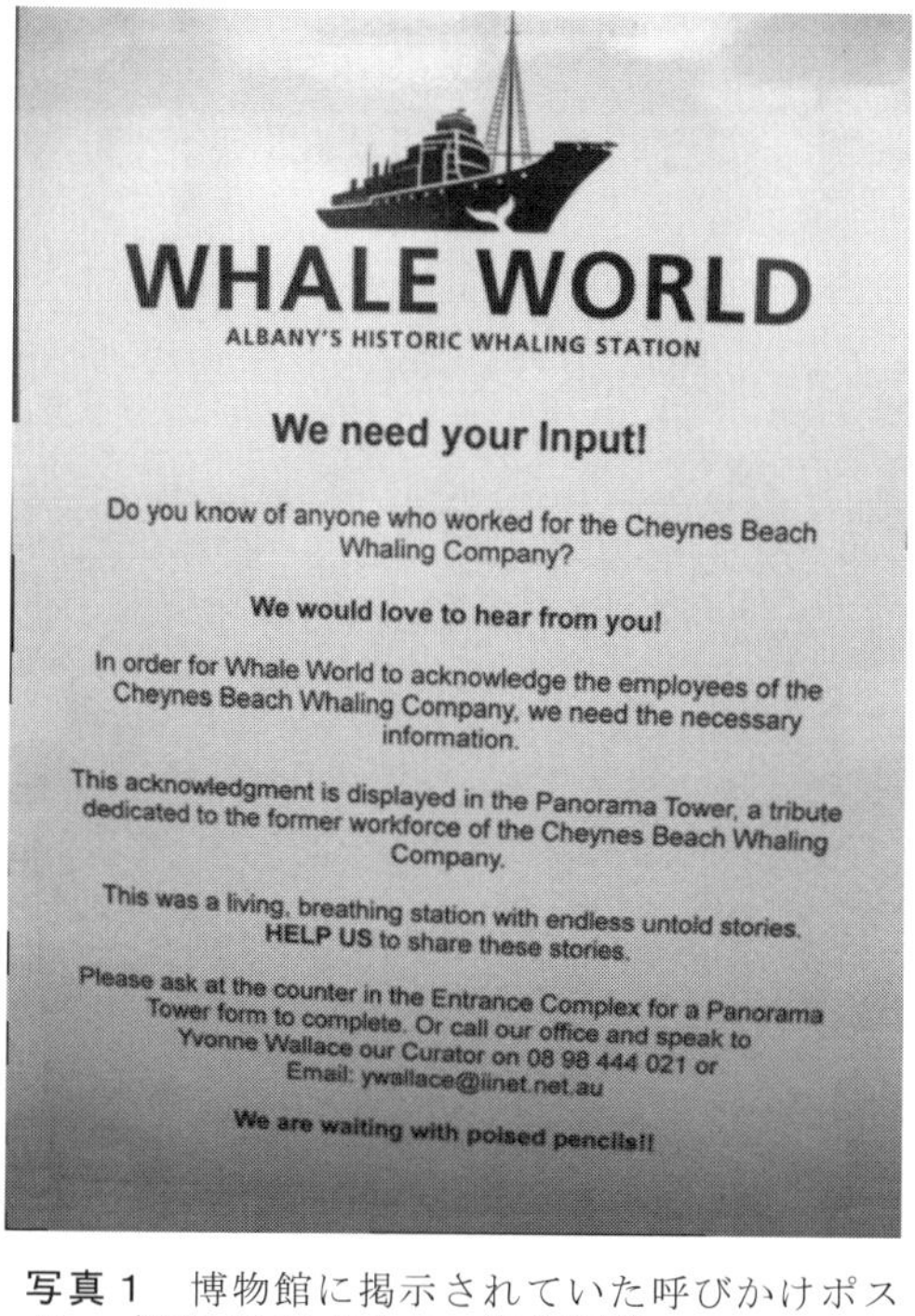

写真１　博物館に掲示されていた呼びかけポスター（2011 年 11 月 8 日、筆者撮影）

　当時捕鯨船に乗った者、あるいは陸上で鯨の解体作業や油の抽出作業に従事した労働者たちにとってみれば、その時代に捕鯨業に従事するのは、食べて行くためにアルバニーでは極自然なことだったはずだ。現在の捕鯨に対する価値観でそれを断罪し、過去に葬り去ろうとすることは、同時にそこで働いた個々人の歴史、存在した事実を消すことでもある。捕鯨をしていた時期から時間が経ち、少し距離を置いて過去を見据えた時に、かつてそこで汗を流した労働者たちの姿が目に入ってきたのではないだろうか。二〇一一年と言えば、町では既に三年後の「アンザック船団記念式典」に向けて、新しい式典会場の「アンザック・ピース・パーク」などの整備が行われていた時期だが、一方で散逸しつつある捕鯨の記憶を記録したい、という活動が地味にではあるが行われていたのだ。

　アルバニーは鯨とは切っても切れない縁にある。人々の鯨に対する価値観は大きく変化したが、昔も今もアルバニー沿岸を鯨が回遊することに違いはない。「アルバニー・アドバタイザー」紙が書いたように、今は「捕獲から観賞」に鯨への接し方は変化したが、その関係は継続しており、自然環境に大きな変化がない限り、それは今後も続いていくことだろう。そうであるならば、今は捕鯨史が視界に入らなくても、細々とでも積み重ねられた歴史がいずれまた表面に姿を現わす時がやってくることもあるのではないだろうか。

注

(1) *The Canberra Times*, "Famous Speech", 25 October 1928, p.1.

(2) Beaumont, J. "Australia's War", (Beaumont, J. ed., *Australia's War: 1914-18*, Allen & Unwin, 1995, p. 1).

(3) ガリポリの戦い、アンザック伝説及びアンザック・デーの背景と概要については、オーストラリア政府によるウェブサイト「Australian Stories」の Anzac Day の項等を参照。(http://www.australia.gov.au/about-australia/australian-story/anzac-day Accessed 8 April 2017).

(4) アンザック百周年記念行事については、オーストラリア政府によるウェブサイト「100 Years of Anzac」等を参照。（http://www.anzaccentenary.gov.au/ Accessed 8 April 2017).

(5) Shakespeare, T., Hampton, S. & Morrison, L."City turns it on for centenary weekend", (*Albany Advertiser*, 4 November 2014, p.1).

(6) Rudd, K."On the Commemoration of the Centenary of Anzac", (Anzac National Ceremony, Australian War Memorial, 25 April 2010).

(7) 「アンザック百周年記念に関する国家委員会」の概要、提案については、二〇一一年三月発行の同委員会提案レポート、The National Commission on the Commemoration of the Anzac Centenary, *How Australia Commemorate the ANZAC CENTENARY*, Australian Government Department of Veterans、Affairs, 2011 を参照。

(8) Watson, P. "Centenary of ANZAC", (*Peter Watson's Albany Report*, Spring 2011, p. 1).

(9) Snowden, W. "$1.3 Million for the First Centenary of Anzac Project" (Ministry of Veterans、Affairs Media Release, 26 November 2011).

(10) Gillard, J. Transcript of joint doorstop interview, Albany, (Prime Minister's Office, 18 April 2012).

(11) この地元アルバニーにおける経緯については、地元紙 *Albany Advertiser* にいくつかのレポートが掲載されている。Keir Turbridge による "Doubt cast over Albany Anzac Centre" (2 November 2012) や "Anzac forum raises questions" (10 May 2013) はその内の二例。

(12) 前掲、"City turns it on for centenary weekend", p. 1.

(13) "Albany experiencing tourism boom since Anzac centenary commemorations". ABC NEWS, 18 May 2015. (http://www.abc.net.au/news/2015-05-18/albany-experiencing-tourism-boom-since-anzac/6477380 Accessed 8 April 2017).

(14) "Albany National Anzac Centre, Princess Royal Fortress win WA Heritage Awards". ABC NEWS, 21 April 2015. (http://www.abc.net.au/news/2015-04-21/albany-wins-two-wa-heritage-award-gongs/6409178 Accessed 8 April2017).

(15) *Whales and Whaling: Report of the Independent Inquiry*. Conducted by Sir Sydney Frost, Australian Government Publishing Service, 1978, pp. 35-36.

(16) Mosley, G. *Let the Whales Swim Free!: History of the Efforts of the Australian Whale Protection Groups 1973 to 2003*, Project Jonah Australia Inc, 2004, p. 19.

(17) アルバニー地域の入植当時の様子については、West, D.A.P. *The Settlement on the Sound: Discovery and Settlement of the Albany region 1791-1831*, West Australian Museum, 1976 を主に参照。

(18) アルバニーの捕鯨史については、Genoni, J.A. *My Albany: Memories and Stories*, Western Australian Museum, 2001 と Gibbs, M. *The Shore Whalers of Western Australia: Historical Archaeology of a Maritime Frontier*, Sydney University Press, 2010 を主に参照。

(19) Macintyre, S. *A Concise History of AUSTRALIA*, Second Edition, Cambridge University Press, 2004, p. 36.

(20) Blainey, G. *The Tyranny of Distance: How Distance Shaped Australia's History*, Sun Books, 1966, p. 115.

(21) 前掲、*The Whalers of Western Australia: Historical Archaeology of a Maritime Frontier*, 2010, pp. 12-14.

(22) 同前、p. 104.

(23) 前掲、*Whales and Whaling: Report of the Independent Inquiry*, 1978, p. 35.

(24) 前掲、Transcript of joint doorstop interview, 2012.

(25) Taylor, P. "PM ensures coastline enters Anzac lore", (*The Australian*, 19 April 2012) (http://www.theaustralian.com.au/national-affairs/defence/pm-ensures-coastline-enters-anzac-lore/news-story/7b1ba5787ba393cb6a9d02786cac48b1 Accessed 8 April 2017).

(26) "Whales: From Hunting to watching", *Albany Advertiser*, November 2003.

(27) Lake, M. "Introduction: What have you done for your country?", (Lake, M. & Reynolds, H. eds. *What's Wrong with Anzac?: The Militalisation of Australian History*, University of New South Wales Press, 2010, pp. 1-23).

(28) National Anzac Centre Facebook (https://www.facebook.com/anzacalbany/ Accessed 8 April 2017).

(29) "Panorama Tower tells of life on station", (Whale World: 30th Anniversary Celebrations, *Albany & Great Southern Weekender*, Commemorative Souvenir Edition, 30 December 2010, p. ix).

第 *2* 部
人間と権利追求
“社会システム（social system）”とサスティナビリティ

水産資源の保全に向けた日豪の取り組み

多田　稔

一　はじめに

世界の漁業・養殖生産は増加傾向をたどり、二〇一四年には約一億九千六百万トンの水準にある(1)。この内訳を漁業と養殖に区分してみると、近年における漁業の生産が約九千万トン台前半の水準で停滞しているのに対して養殖の増加が際立っている（次頁図一）。漁業生産の多い国は中国、ペルー、アメリカ、インドネシア、日本等であり、養殖生産は中国、インド、インドネシア、フィリピン、ベトナム等で多い。中国は内水面養殖が極めて多いという特徴がある。

漁業における生産の停滞には地球温暖化による海水温度の上昇も一因であるが、水産資源の乱獲に主要因があるとする見方が有力である。国際連合食糧農業機関（ＦＡＯ）は漁業の対象となっている主な魚種のうち三割が「過剰利用または枯渇状態」、六割が「満限利用状態」の状況にあり、「余裕のある状態」は一割にすぎず、水産資源の回復力が損なわれていると報告している(2)。

養殖に関してはエビやサケの生産技術が普及し、多くの国で生産が増加してきた。環境汚染、養殖適地の制約、種苗や餌料の天然魚への依存という問題が指摘されているものの技術開発の余地が大きく、世界銀行によって二〇一三

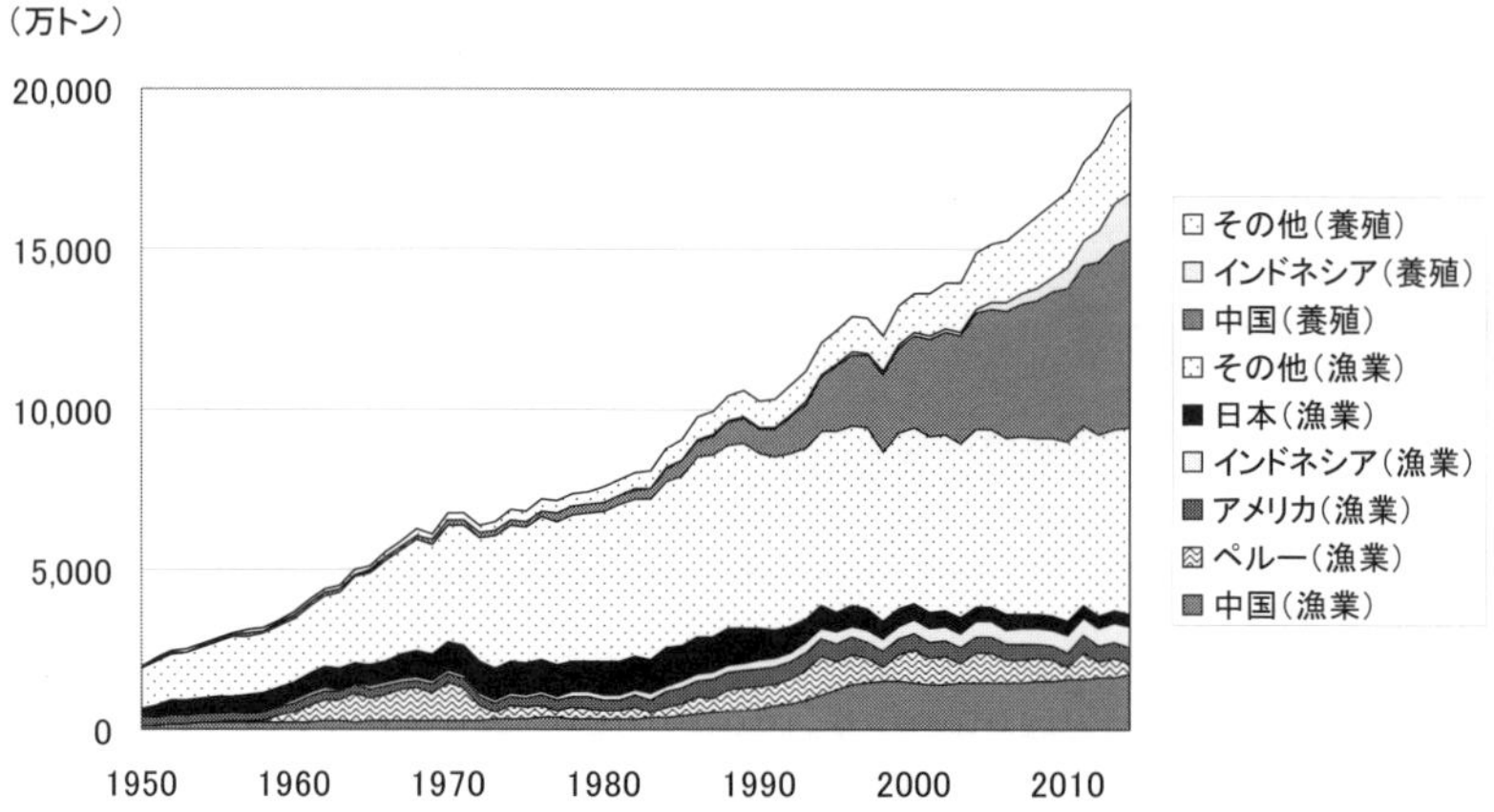

出典：FAO データベース“FISHSTAT”より筆者作成
図１　世界の漁業・養殖生産

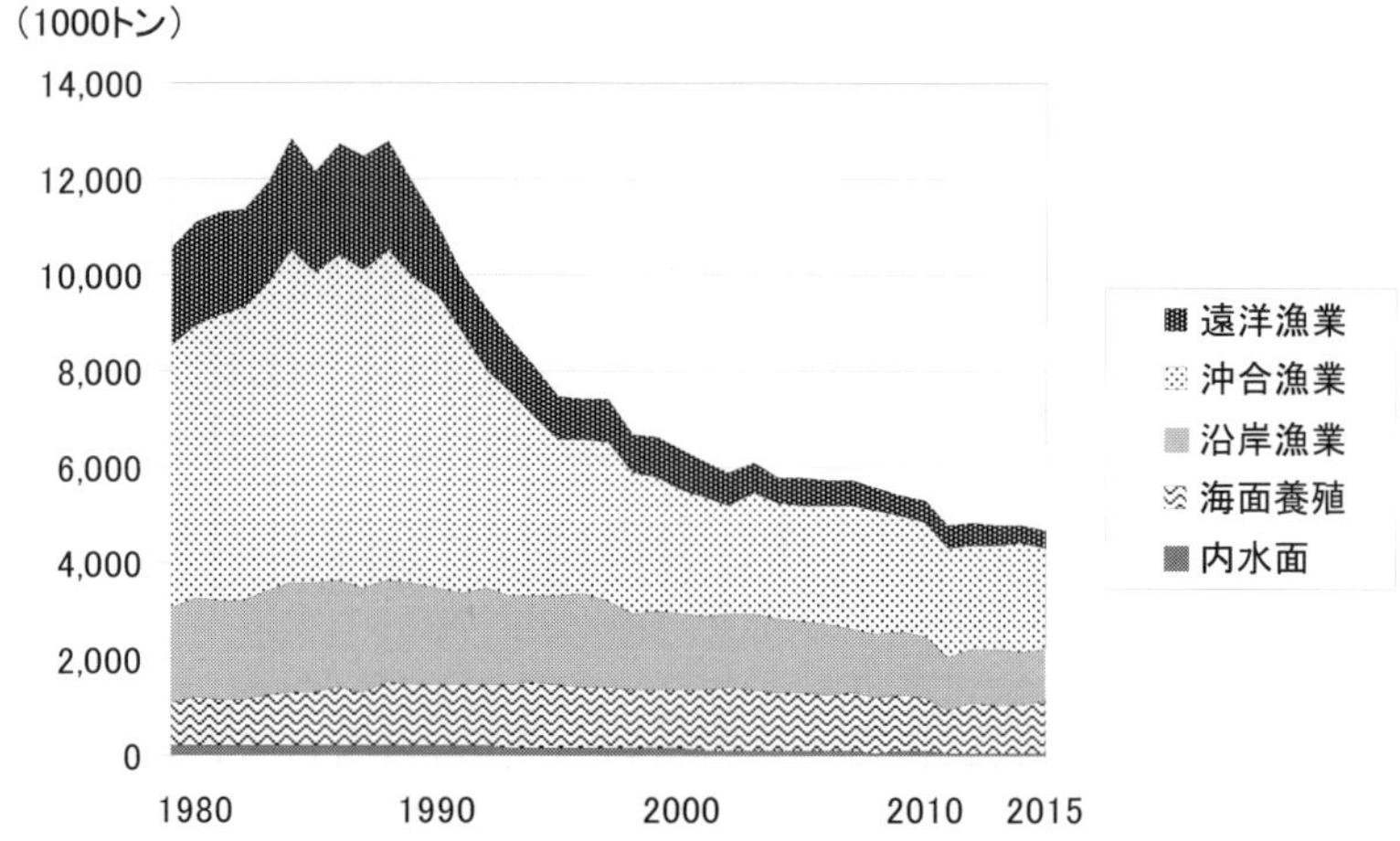

出典：農林水産省『漁業・養殖業生産統計』より筆者作成
図２　日本の漁業・養殖生産

年に刊行された『Fish to 2030』は、二〇三〇年に食用向け水産物の六割以上が養殖によって供給されると予測している(3)。

二　日本の漁業と資源管理

日本の漁業・養殖業

我が国周辺の海域は暖流と寒流がぶつかることで良好な漁場を形成するため、かつては日本の生産が世界の十七パーセントを占めたこともあった。しかし、一九七〇年代後半からの諸外国による排他的経済水域の設定や日本近海における水産資源の減少によって、最近では三パーセント前後のシェアに低下している。天然魚の漁獲量が減少する中で、養殖生産は安定的に推移している。

日本の漁業は遠洋漁業、沖合漁業と沿岸漁業から構成される（右頁図二）。遠洋漁業は必ずしも自国の排他的経済水域外のみで漁業を行う必要はないが、大型漁船によって公海や外国の排他的経済水域内で長期間の漁業を行うことが多い。遠洋漁業の代表的な形態として遠洋マグロ延縄（はえなわ）漁業、遠洋カツオ一本釣り漁業、遠洋底曳網漁業などがある。当漁業では外国の排他的経済水域からの撤退に加えて、日本人乗組員の賃金上昇や高齢化、さらにはマグロ等の漁獲規制の強化によって漁獲量が減少している。

これに対して、沿岸漁業は陸地から日帰り可能な比較的短距離内で行われる漁業であり、十トン未満の動力船を使用する零細経営であることが多い。漁業就業者数約十七万人の八割以上は当漁業に就業し、六十歳以上が半数を占めて高齢化が進んでいる。

沖合漁業は遠洋漁業と沿岸漁業の中間的な形態であり、漁獲量が資源変動の影響を強く受けるという特徴がある。とくに、一九八〇年代後半以降の漁獲量の減少はマイワシ資源の自然減少によるところが大きい。沖合漁業の代表的な形態は、大中型巻網漁業、沖合底引網漁業、サンマ棒受網漁業などである。

日本の漁業管理

日本周辺の漁業資源に関しては水産総合研究センター（現・水産研究・教育機構）によって「高位」十七パーセント、「中位」三十三パーセント、「低位」五十パーセントと評価されており、最近では「中位」が減少し「低位」が増加している。

そこで、水産資源の生物的特性を活用し、その維持増大を図りつつ持続的に多くの付加価値を実現する「資源管理型漁業」を推進する必要性が認識された。国レベルでは一九九七年に漁獲可能量（ＴＡＣ）制度を導入し、主として沖合漁業の対象であるサンマやサバ類など七魚種について漁獲量の上限が設定された。これらＴＡＣ対象魚種の漁獲量は海面漁業生産の約四割を占めている。

ＴＡＣ制度は国連海洋法で定める水産資源の保全と整合的な漁業管理である。同法第六十一条「生物資源の保存」の第一条には「沿岸国は、自国の排他的経済水域における生物資源の漁獲可能量を決定する」と記されている。しかし、これが実質的な意味を持つためには漁獲量がいくらであるかを捕捉できなければならず、しかも、資源量の水準や増減が評価されているポピュラーな魚種を対象とする漁業でなければならない。したがって、ＴＡＣは沖合漁業で主対象となる魚種について適用されており、多くの魚種を多様な漁法で漁獲する沿岸漁業には適さない管理手法である。

次いで二〇〇一年には水産基本法が成立し、これに基づいて水産基本計画が策定され、水産資源の持続的利用の確保によって水産物の安定的供給を図る施策への取り組みが本格的に開始された。沿岸に比較的近い漁業であるカレイ、サワラ、イカナゴ等を対象とする漁獲努力可能量（ＴＡＥ）制度もその一環であり、操業日数や操業隻数に上限が設けられている。ＴＡＥ制度の下では目に見える漁船などが規制対象であるため規制の抜け道が小さいが、一隻当たりの漁獲量には制約がないため、必ずしも良好な資源管理に直結するわけではないという問題を抱えている。

ＴＡＣ制度は理念的には「総枠管理方式」と呼ばれ、漁期がスタートしてから漁獲量が決められた上限値に達すると漁獲が終了となることから、「オリンピック方式」とも称される。この場合、早い者勝ちであるため、高馬力で速力のある漁船の建造競争が発生して経営コストが上昇するため、資源は守られるものの、漁業経営の効率化は損なわれるという問題が生じる。

日本では、ＴＡＣが農林水産大臣の許可する比較的大規模な漁業と、知事が許可する中規模な漁業に分割配分され、さらにそれらが海域ごとに割り当てられることもあるため、「オリンピック方式」の極端な弊害は表面化しておらず、それよりも資源の回復が遅く、少ない資源を多数の漁船の間で分け合うという問題の方が深刻である。

このＴＡＣの分割配分を漁業経営体あるいは漁船ごとにまで細かく配分する制度が個別割当（ＩＱ）と称される制度である。この制度の下では、各経営体や漁船はスピードを気にすることなく漁業に従事できるため経営コストが大幅に低下するというメリットがある。その反面、一定量の漁獲物から得られる経済価値を最大化するために価格の安い魚や小型魚の投棄が増えるという問題が指摘されている。ＩＱ制度は我が国ではミナミマグロや大西洋クロマグロを漁獲する遠洋マグロ延縄漁船などに導入されている。

このＩＱ制度をさらに発展させ、各経営体あるいは漁船に割り当てられた漁獲の権利を売買できるようにしたものが譲渡可能個別割当（ＩＴＱ）と呼ばれる制度である。当制度の下では、経営効率の良い経営体が漁獲枠を買い集めて規模拡大を実現することができる。ちょうど二酸化炭素排出枠の売却によって環境効率の良い企業が利益を増やすことができるのと同様である（ＩＴＱの場合は経営効率の良い経営体が権利を買うというように権利の行使の方向が反対ではある）。

ＴＡＣもＴＡＥもそれぞれメリットと課題を抱えており、日本だけではなく多くの国で両方が併用されることが多い。このような資源回復に向けた動きは既に秋田県のハタハタ、伊勢湾のイカナゴや京都府のズワイガニを対象として実施され成功を収めており、現在は瀬戸内海のサワラや日本海西部のアカガレイ等を対象に計画が作成され、資源回復に向けての取り組みがなされている。

マグロに対する国際資源管理

ここまで、沖合漁業と沿岸漁業を中心に漁業管理のありかたを述べてきた。ところが、水産資源の中にはマグロのように多くの海域を広く回遊するものがある。それらの魚種については五つの地域漁業管理機関（ＲＦＭＯ）によって具体的な管理方策が決められている。

その地域漁業管理機関の中で、まず、日本から遠い海域であるが日本のマグロ延縄漁船が操業している大西洋を管轄する「大西洋まぐろ類保存国際委員会（ＩＣＣＡＴ）」の活動を紹介したい。大西洋クロマグロは地中海を含む東系群とアメリカ大陸に近い西系群に分類され、東系群の漁獲量が圧倒的に多い。東系群の多くは地中海において巻網で漁獲されており、フランス、スペイン、イタリアの漁獲量が多く、最近ではこの三国で約五割を占める。巻網で漁獲されたクロマグロは必ずしも漁獲国で蓄養されるわけではない。蓄養技術が普及した今日では、賃金水準の低いクロアチア、マルタ、トルコ等に輸送され、そこで蓄養されることが多くなっている。

地中海においては歴史的に一定のクロマグロ漁獲量が存在し、一九五〇年代にも三万トンを超える漁獲量があり、日本市場とは別の地域市場が存在していた。変動があるものの長期的に毎年七千～三万トンの漁獲量があったと推定されている(4)。日本市場との関連が強まるのは一九八〇年代後半からであり、この時期に日本ではバブル経済によってマグロ類への需要が増加するとともに、太平洋クロマグロの漁獲量が減少した。その結果、大西洋における日本向けクロマグロの漁獲が増大し、一九九〇年代後半からは蓄養原魚としての漁獲が増加、蓄養クロマグロのほぼ全量が日本に向けて輸出されている(5)。

このような漁獲量の増加によって資源状態は徐々に悪化してきた。ＩＣＣＡＴによれば、親魚資源のうちの漁獲される割合を示す親魚漁獲率が急速に高まって四分の一を超えるようになり、二〇〇五年の親魚資源量推定値は一九七五年の三分の一の約十万トンとなっている(6)。そこで、一九九八年から漁獲枠（ＴＡＣ）が設定され、当初三万トンを超えていた漁獲枠が二〇一〇年には一万三千五百トンまで削減された。しかし、それでも資源の回復が困難であるとの見方が強かった。

このような事情を背景として、二〇一〇年三月にドーハで開催された絶滅するおそれのある野生動植物の保護を目的とするワシントン条約（ＣＩＴＥＳ）締約国会議では、大西洋クロマグロの附属書Ｉへの掲載が検討されることとなった。もし附属書Ｉに掲載されれば国際商業取引が禁止となる。しかし、二〇一〇年十一月のＩＣＣＡＴ年次会合において二〇一一年の漁獲枠をさらに一万二千九百トンに削減することに合意した。この史上最も厳しい漁獲枠が設定されて以来、大西洋クロマグロの資源は回復し始め、最近の漁獲枠は二万三千トンにまで拡大している。

ＩＣＣＡＴは漁獲枠の設定以外にも、漁獲証明制度や養殖場に対する正規許可制度を導入し、未登録の養殖業者のマグロ取引を禁止している。加盟国に対する厳しい漁獲枠の設定と、非加盟国の漁船や便宜置籍船による漁獲への対抗措置(7)が功を奏したのである。とくに後者に関しては世界のクロマグロの多くを日本が輸入していることによって容易に実現できたのであり、近年のように途上国の所得水準が向上して輸入国が拡散している場合や、規制を順守しない国の漁獲と国内消費が多い場合にも有効に機能し得るのか疑問が残る。

世界のマグロ漁業において最初に資源の危機が表面化したのは大西洋クロマグロとオーストラリア周辺のミナミマグロであるが、最近は日本の漁獲量の多い太平洋クロマグロの資源問題が深刻化している。日本の巻網漁業が本来の漁獲対象としていたマイワシやサバの資源が減少し、小型のクロマグロをターゲットとし始めたからである。小型クロマグロのうち、曳縄漁業等によって生きたまま捕獲されるものは蓄養向けの種苗として養殖業者に販売されるが、他の多くは安価なクロマグロとして食用仕向けとなる。

西太平洋のマグロ資源を管轄する地域漁業管理機関は「中西部太平洋まぐろ類委員会（ＷＣＰＦＣ）」である。当初はメバチマグロを対象とする巻網漁業への集魚装置の使用禁止や漁獲量削減という規制を導入したが、クロマグロの資源解析が進み、クロマグロに対する漁獲規制が導入され始めた。まず二〇〇九年に、二〇〇二〜二〇〇四年を基準年として、二〇一〇年における漁船数等の漁獲努力量と〇〜三歳魚の漁獲量を基準年水準に戻すことが勧告された。〇〜三歳魚の漁獲規制は当初緩かったため、基準年の十五パーセント減、さらに五十パーセント減と強化されてきた。

我が国の農林水産省では、消費国としての責任もあり、ＷＣＰＦＣの勧告に対してさらに追加措置を決定した

（二〇一〇年五月）。これには、クロマグロを漁獲する大中型巻網の休業や漁獲サイズ制限、沿岸漁業の隻数制限や届出制、養殖場の登録や報告書の提出が含まれ、さらに翌年三月に大中型巻網による成魚漁獲量に規制が加わり、二〇一二年からは養殖場への天然種苗の活込尾数を増やさないことが追加された。

技術開発による資源枯渇への対応――クロマグロとウナギ

漁獲規制や貿易制限といった制度的アプローチによる資源保全に加えて、技術開発による資源保全の方策が存在する。その実用化されている代表例が近畿大学によって達成されたクロマグロ完全養殖技術の開発であり、今後の実用化が期待されているものが、水産総合研究センターの成功したウナギ完全養殖である。

クロマグロ完全養殖、このプロジェクトは和歌山の一漁村、浦神から始まった。近畿大学水産研究所の所長であった原田輝雄氏のリーダーシップもあり、三十年を費やして完成させた。このような長期的な取り組みを可能とした背景として、ブリ等の養殖魚や人工種苗の販売による収益を研究に回せたことがある(8)。現在、産学連携が重視されているが、産学一体の下で可能となったのである。

近大クロマグロをはじめとして、日本で養殖されるクロマグロは海外産のものと比較してコストが高いという問題を抱えている。そこで、直径五十メートルクラスの生簀を用いる大規模沖合養殖によってコストダウンを実現しようという取り組みがなされている。大規模な生簀は台風接近時の波浪に弱いため、海中に沈むタイプである沈下式の生簀に関する開発をマリノフォーラム二十一が中心となり、北海道大学高木力教授、近畿大学漁業システム研究室と大洋エーアンドエフ、古野電機、日東製網が連携して進めている。

クロマグロと並んで資源の枯渇が懸念されている魚種がウナギである。国際自然保護連合（ＩＵＣＮ）はヨーロッパウナギを「ごく近い将来における野生での絶滅の危険性が極めて高い種」という絶滅危惧ＩＡ類として、また、ニホンウナギとアメリカウナギを絶滅危惧ＩＢ類としてレッドリストに掲載、ＥＵは輸出を禁止している。日本国内では、ウナギ養殖業を内水面漁業振興法に基づく届出養殖業とし、養殖業者毎の池入れ数量に上限を設定するという規制が導入されている。

このような厳しい状況の下で、水産総合研究センターは卵から人工シラスウナギまでの飼育に成功、さらに、その技術で得られたシラスウナギを親に育て、二〇一〇年に再び採卵、ふ化させ、ライフサイクルを完結させることに成功した。ただし、ふ化後の仔魚の餌料としてサメの卵を使用するためコストがかさみ、産業として確立するまでにはクロマグロの場合と同様に長い期間を要すると見込まれている。

我が国では土用の丑の日にウナギを食する習慣が根付いており、それがウナギ蒲焼価格の高騰やシラスウナギの乱獲に結びついている。そこで、完全養殖ウナギが実用化に到達するまでの中継ぎとして、近畿大学世界経済研究所の有路昌彦教授と農学部大学院生の和田好平がウナギ味のナマズを開発するとともに、鹿児島県大隅半島にある養殖業者と奈良県大和郡山市にある蒲焼小売店を何度も往復し、両者が利益を得られる養殖ナマズの価格帯を探索するマーケティング研究を実施した。

三　オーストラリアの漁業と資源管理

オーストラリアの漁業・養殖業

オーストラリアにおける漁業・養殖業生産量と生産額はそれぞれ二十二万七千トン、二十五億豪ドル、一万千六百人の雇用を生み出している。地域的にはタスマニアが首位であり、次いでウェスタンオーストラリア州とサウスオーストラリア州である。主要な生産物は、エビ、ロブスター、マグロ、アワビ、ホタテ、カキ、真珠である。

漁業の生産量は二〇〇三／〇四年(9)にピークをつけた後、低下傾向にあり、二〇一三／一四年には十五万二千トンとなった。一方、養殖の生産量は過去二十年間に急速に伸びてきており、二〇一三／一四年は七万五千トンである（次頁図三）。養殖は漁業・養殖生産額の四十三パーセント、約十億豪ドル、重量ベースでは三十三パーセントを占めている。タスマニアで生産されるサケなど、安全、持続性、高品質で付加価値の高いことが特徴である。

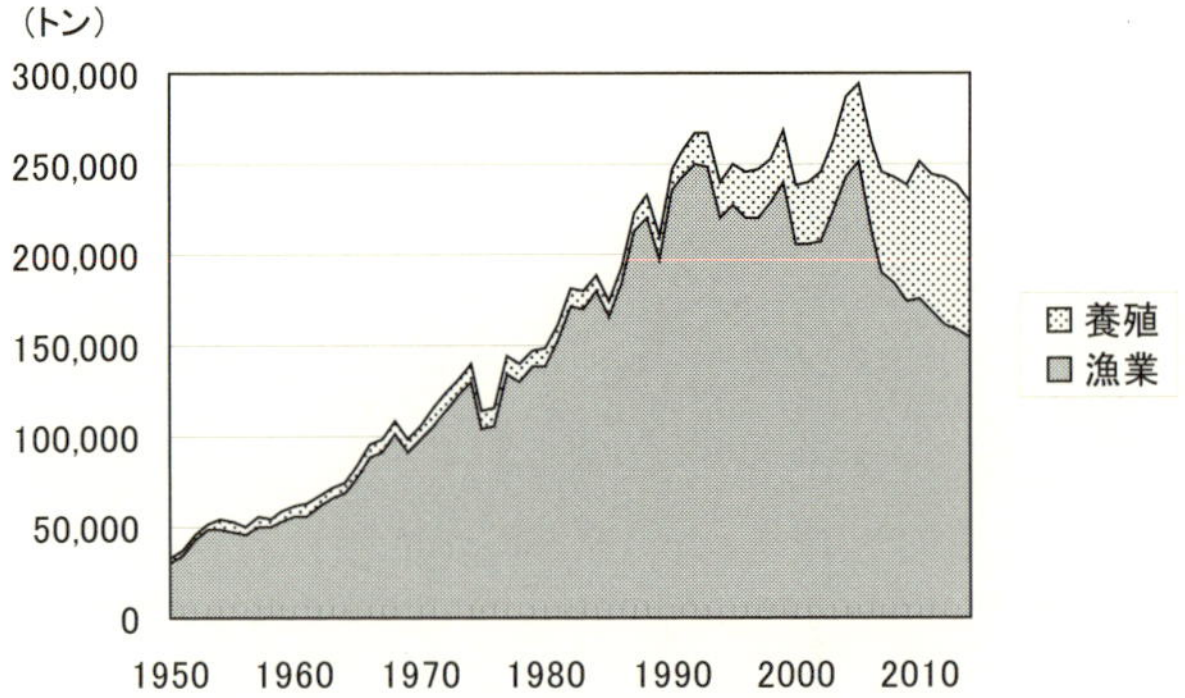

出典：FAO データベース“FISHSTAT”より筆者作成

図３　オーストラリアの漁業・養殖生産

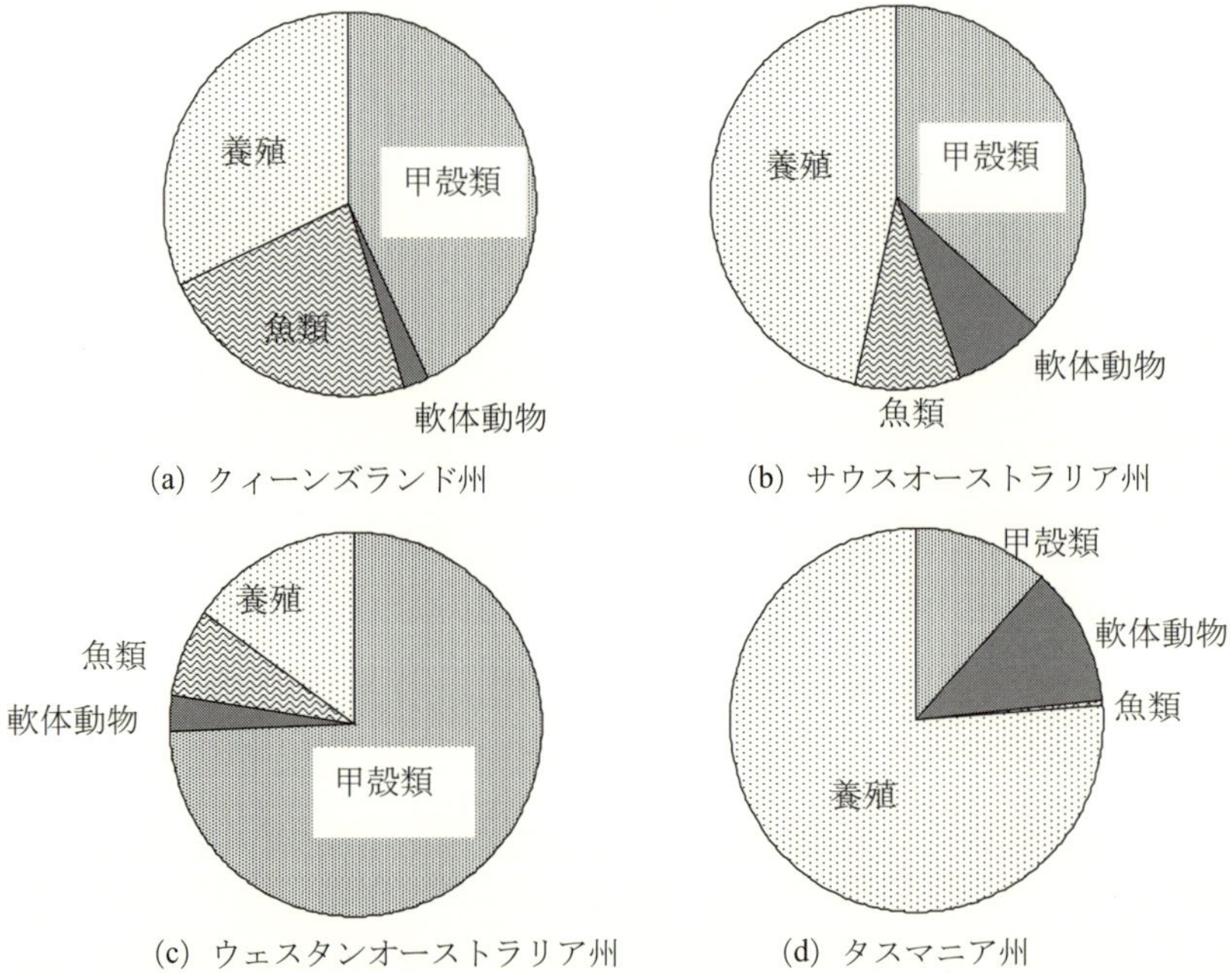

(a) クィーンズランド州　(b) サウスオーストラリア州

(c) ウェスタンオーストラリア州　(d) タスマニア州

出典：Australian Bureau of Agricultural and Resource Economics and Sciences
“Australian fisheries and aquaculture statistics 2014”の掲載データより筆者作成

図４　オーストラリアの州別漁業・養殖生産額の構成

漁業・養殖業の生産額を主要な四州について比較したものが図四である。サウスオーストラリア州は数量ベースではイワシを含む魚類が全体の三分の二を占めるが、イワシの単価が安いため、金額ベースではミナミマグロの養殖を反映して養殖の割合が高い。ウェスタンオーストラリア州ではロックロブスターを含む甲殻類の割合が高い。タスマニア州はサケ類の養殖に重点があり、養殖の割合が高い。

オーストラリアでは日本を除く他の先進国と同様に水産物に対する需要が伸びている。サウスオーストラリア食品センターによる消費者調査は、「国民の食品に対する鮮度と安全性を重視する姿勢が強まり、国内で生産された食品を消費しようとする傾向にある。近年、主要都市でファーマーズマーケットが急速に開かれるようになっているように、水産物においてもブランド化や原産地国等の表示がなされるなら消費者は自国産品に対してプレミアム価格を支払うであろう」と述べている(10)。

これを反映して、一人当たりの年間消費量は可食部分重量換算で二〇〇〇/〇一年の十三キログラムから二〇一三/一四年の十五キログラムに増加している。参考までに、日本人の消費量は一人年間二十七キログラムであり、二〇〇一年の四十キログラムから大幅に減少している。国内生産は養殖の伸びを漁業の減少が相殺して停滞している。このことが、付加価値の高い養殖業とあいまって、量的な輸入超過、金額的な輸出超過という水産物貿易の基本的なパターンを生み出してきた。しかし、国内消費の増加と豪ドル高によって輸出は二〇〇一年から数量・金額ともに減少し、最近では水産物輸入国としての位置付けが定着してきた。

主要な輸出品目はエビ、ロブスター、マグロ、アワビであり、輸出先はベトナム、香港、日本、次いで米国と中国である。また、主要な輸入品目は冷凍フィレあるいは加工された魚とエビであり、輸入元はタイ、ニュージーランド、中国、ベトナムである。ツナ缶詰のほぼ全量をタイから輸入するとともに、最近ではベトナムから養殖ナマズの輸入が増加している。

オーストラリアの漁業管理

オーストラリアでは海岸線から三海里までを州政府、二百海里までを連邦政府が管轄し、実務的には水産管理局（ＡＦＭＡ）が担当している。漁業活動は一九七〇年代までオープンアクセスであったが、一九八〇年代に過剰投資や資源枯渇が表面化してきた。そこで、二〇〇七年にCommonwealth Fisheries Harvest Strategy Policy and Guidelinesが策定され、科学的なアプローチでＴＡＣを設定するフレームワークが提供された。この通称「出口管理」の方式は二〇一三年の検討で有効であると評価されている。また、漁獲努力量を規制する「入口管理」として、二〇一五年から全長百三十メートルを超える漁船の使用が禁止された[(11)]。

オーストラリアでは漁業者数が少ないこともあって資源管理が成功しやすい状況にある。「乱獲されなかった」と評価された系群は二〇〇四年以来倍増し四十四系群となり、「乱獲につながらない」と評価された系群は二〇〇四年の十二から二〇〇八年の五十七系群へと増加している。乱獲された系群にはＡＦＭＡによってＴＡＣの削減や禁漁期間の延長という措置がとられ資源が回復している[(12)]。

以上で述べてきた漁獲規制に加えて、グレート・バリア・リーフやウェスタンオーストラリア州南西海岸など六海洋区域に海洋保護区が設置され、海洋生物の保護が強化された。同時に漁業や資源開発に大きな制約が加わるようになった[(13)]。この新方針は、エコ・ツーリズムという新たな形態の観光を振興するとともに、オーストラリアを海洋や生物多様性の保護に関する世界のリーダーとして位置付ける戦略でもある。

ところで、水産資源を管理する手法は、漁獲量や漁船数の規制、禁漁期間や禁漁海域の設定という漁獲規制だけに限定されているわけではない。前節では、貿易による規制、とくに乱獲をする国や漁業者からの輸入を規制する手法が用いられていることを紹介した。さらに、消費者の購買抑制を通じて乱獲を回避しようとする手法として海洋管理協議会（ＭＳＣ）に代表される「海のエコラベル」が存在する。

この手法は、消費者が天然資源の持続性や環境の保全に前向きな態度を示す時に有効となる。エコラベルを添付された商品が高く販売されたり優先的に購入されたりすることによって結果的に資源や環境に配慮する生産者に利益がもたらされるのである。現在、ＭＳＣ認証をウェスタンオーストラリア州のロックロブスターやアラスカのスケソウダラ、我が国では京都府機船底曳網漁業連合会のアカガレイや北海道漁業協同組合連合会のホタテガイなどが取得している。欧米ではＭＳＣラベルの付いた商品にプレミアムが付いているが、日本では残念ながらそのような状態にはない。「魚離れ」といえども日本には魚の生食文化が根付いているため、鮮度の方が重視されている。

ニューラル研究所の報道によると(14)、オーストラリアでは二〇一六年に、食品企業のジョン・ウェストとＷＷＦ、ＭＳＣ、マーケティング会社パシフィカルが提携して、ナウル協定加盟国（ＰＮＡ）(15)の巻網漁業によって漁獲されたキハダマグロを使用したツナ缶詰にＭＳＣラベルが貼られることになった。このツナ缶詰の数量は、需要面からみるとオーストラリアに流通するツナ缶詰の四十三パーセントに、生産面からみるとＰＮＡ海域で漁獲されるキハダマグロの半分に相当する。

ミナミマグロ漁業

ミナミマグロはオーストラリア、なかでもサウスオーストラリア州にとって重要な魚種である。例えば、その輸出額は水産物輸出額の一割以上を占める。

ミナミマグロ漁業は一九五〇年代後半に超低温冷凍技術を導入した日本の延縄漁船によってスタートした。しかし、その漁獲量は資源制約によって一九六〇年代に早くも減少に転じた。その後、オーストラリアの巻網漁船の参入があり、資源の枯渇が表面化した。当時のオーストラリアの巻網漁業は価格の安いツナ缶詰向けである小型サイズのミナミマグロを漁獲しており、日本の海外漁業協力財団（ＯＦＣＦ）は同漁業の経済性を高めるため一九九四年に蓄養という形態の養殖に関する技術協力を開始した。また、この年次に日豪にニュージーランド（ＮＺ）を加えた三か国を初期メンバーとする「みなみまぐろ保存委員会（ＣＣＳＢＴ）」が発足した。

これらの三か国は一九八五年に既に漁獲枠を導入していたが、当年に三万八千六百五十トンであった漁獲枠はＣＣＳＢＴの下で一九八九年には一万千七百五十トンへと削減された。ミナミマグロを保全するための三か国の取り組みにもかかわらず、一九九〇年代には韓国、台湾、インドネシアといった非加盟国の漁獲量が増加した。この非加盟国問題は韓国とインドネシアがそれぞれ二〇〇一年と二〇〇八年にＣＣＳＢＴに加盟、台湾が二〇〇二年に拡大委員会に加盟して緩和され、現在ＥＵを含めて六か国が加盟国となっている。

この問題に続いて、ミナミマグロの資源量の推定をめぐって多めの推定を行う日本と厳しい推定を行うオーストラリア・ＮＺ間で対立が生じた。この問題は、漁業が実際に行われていない海域の資源量をどう見込むか、また、それを確認するための調査漁獲を認めるかどうかについてさらに深刻化し、国際海洋法裁判所や国連海洋法仲裁裁判所への提訴に至った(16)。

その後に実施された調査漁獲によって、漁業が行われていない海域においても一定のミナミマグロ資源が存在することが確認されたが、資源の減少はさらに深刻化して回復せず、二〇一〇／一一年の漁獲枠は史上最低の九千四百四十九トンとなった。ここに至って、ようやく資源は回復し始め、現在の漁獲枠は一万四千六百四十七トンと拡大し始めている。

当漁業は深刻な資源問題を経てきたため、漁獲枠の他にも厳しい制約を課されている。まず、参入にはライセンスが必要であり、二〇一四年には九十一件のライセンスが発行されている。また、漁獲量、投棄された漁獲物の量、操業時間と漁場、漁具を記録してＡＦＭＡに報告する義務がある。また、漁船の位置、進路、速度などの動きは人工衛星によってモニターされている(17)。

この漁業について、日本は個別割当（ＩＱ）を導入していることを既に述べた。オーストラリアは漁獲枠導入当初から譲渡可能個別割当（ＩＴＱ）を導入した。これによって、個々の漁船の漁獲枠が拡大、サウスオーストラリア州への漁船の集中が進み、経済効率が向上した。その後、同漁業は天然魚の漁獲から経済性の高い養殖に転換された。ポートリンカーン沖で数か月蓄養された後、生鮮ものの多くは空輸で日本に輸出される。日本の築地市場において、ミナミマグロにはクロマグロのキロ当たり約三千円に次ぐ約二千円の価格がつき、メバチやキハダマグロの約千円の二倍に相当する評価である。漁業の集中と従来の缶詰から日本市場向けサシミ商材の生産へと転換したことによって、漁獲枠の価格は一九八四年のトン当たり六百~千豪ドルから一九八七年の六千~七千豪ドル、最近の一万七千五百豪ドルへと上昇している[18]。

以上のように、ミナミマグロの資源評価をめぐって日豪間にトラブルが生じる時代があったものの、その後の資源保全に向けての協力関係の維持や日本からオーストラリアに向けてのミナミマグロ蓄養技術協力によって資源保全と経済性の向上という二つの課題の両立が実現されている。

四　太平洋島嶼国への日豪協力

太平洋島嶼国の水産業

ここまで日本とオーストラリアにおける漁業と水産資源保全に向けての取り組みを見てきた。さらに視野を広げて世界地図を眺めると両国の間に広大な太平洋が広がり、ミクロネシア、メラネシア、ポリネシアという島嶼国が点在していることがわかる。これらの島嶼国は人口が少ない一方で広大な排他的経済水域を持つため、観光と並んで漁業が有望な産業であると期待される。ところが、太平洋においてカツオを含めたマグロ類[19]の主要漁獲国はフィリピン、インドネシア、日本、台湾などであり、島嶼国の漁獲量はパプアニューギニアを除いては増加傾向にあるものの限定されたものとなっている。

島嶼国の漁獲能力は限られているため、自国で漁獲することなく遠洋漁業国からの入漁料収入に依存することが大きい。これは当地域の漁場開発が缶詰原料を求めて太平洋を西進してきた米国漁業によってなされたことによって性格づけられ、漁

写真１（左）シドニーのフィッシュマーケット
写真２（右）ポートリンカーン沖のミナミマグロ養殖場（いずれも筆者撮影）

業生産量に占めるカツオ・マグロの割合が六十一～九十八パーセントと非常に高いという特徴がある（山下、二〇一三）。二〇一二年のPNA協定締約国の決定によって、漁獲努力量削減の方式が隻数制限から隻日数制限（VDS）に切り替えられた結果、入漁料が大幅に上昇している。例えば、キリバスの入漁料収入は年間四十億円から百二十億円に拡大した[20]。

問題は、このように増加した入漁料収入を島嶼国の経済発展に有効に利用できるかどうかである。レビステ・堀口（一九八八）はこの問題を早くから、「かつて日本のマグロ漁船が島嶼国に基地を設け、そこでのマグロ缶詰産業の定着を企図したことがあるが、失敗した。その失敗の原因からみて、日本のマグロ缶詰業界の発達史と対比するよりも、タイのそれと対比したほうが、はるかに多くの教訓を与えるもののように思われる」と指摘している。今、タイのマグロ漁獲量

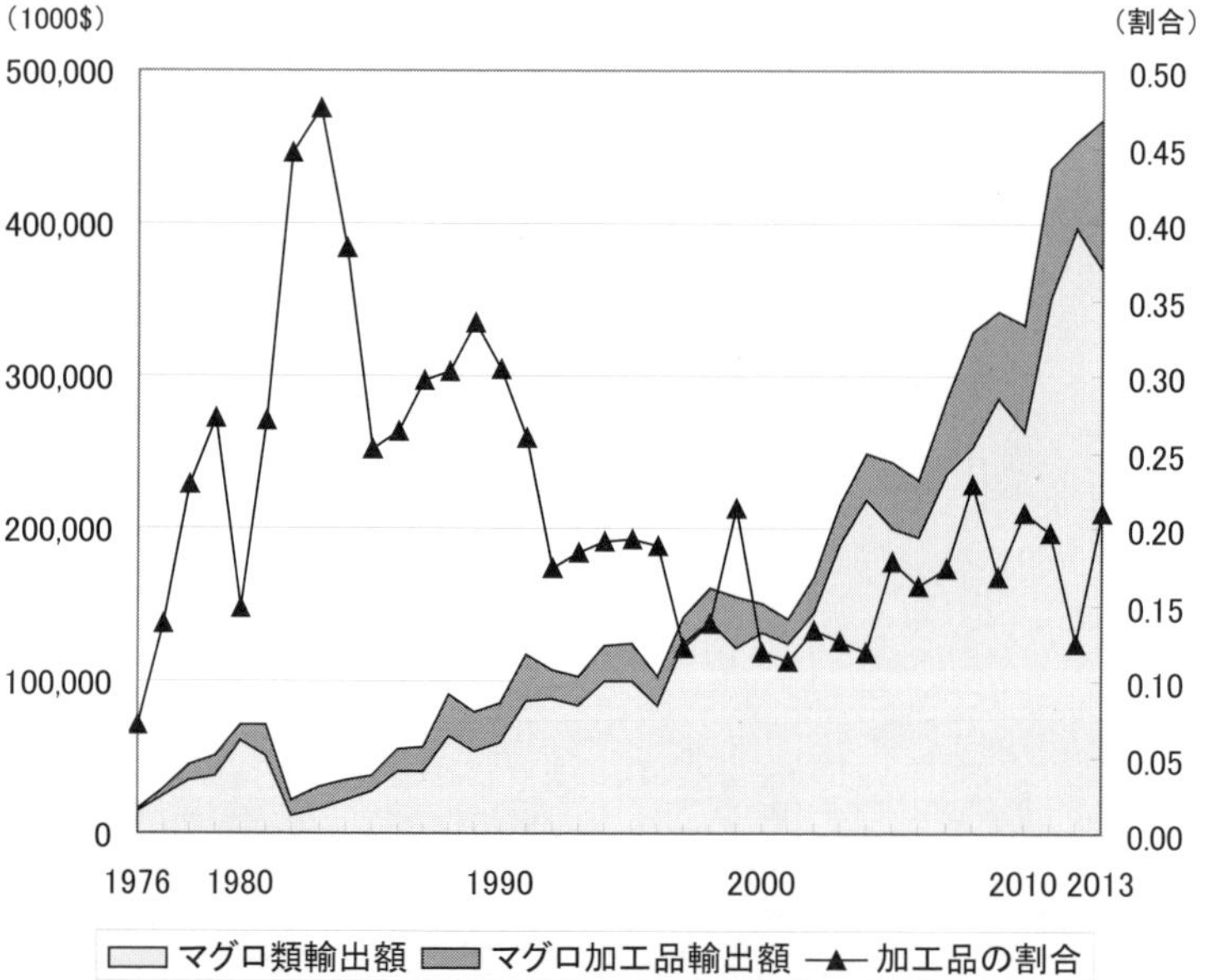

出典：FAO データベース“FISHSTAT”より筆者作成。
注１）マグロ漁獲量の多いパプアニューギニア、フィジー、バヌアツ、ミクロネシア連邦、ソロモン諸島、マーシャル諸島の合計値である。
注２）加工品の割合＝マグロ類加工品輸出額 /（マグロ類輸出額＋マグロ類加工品輸出額）

図５　太平洋島嶼国のマグロ類とマグロ加工品の輸出額

は皆無に近いにもかかわらず世界一のツナ缶詰生産国として水産加工クラスターを形成し、エビにおいても冷凍エビの輸出から調製品の輸出へと転換を図り、ベトナムがそれを追随している(21)。

太平洋島嶼国にとって、マグロという天然資源を獲るにとどまらず、それをツナ缶詰というより付加価値の高い産業へと育てていくためにこれらの国の経験をどう活かすかが鍵となるであろう。実際にそのような動きがあるのかを図五で検討したい。マグロ類の輸出額は順調に増加している一方で、マグロ類とマグロ加工品の輸出額の合計に占める後者の割合は約二割で推移している。さらに、図示されていないが、マグロ加工品輸出の大部分がパプアニューギニアによるものである。これらのことから、高付加価値化への進展は緩いと考えられる。

太平洋島嶼国の持続的発展に向けて

太平洋島嶼国は第二次世界大戦前には欧米諸国と日本の植民地であった。大戦の終結によって、当地域に統治領を持つオランダ、イギリス、フランス、アメリカ、オーストラリア、NZが地域住民の経済的・社会的福祉の向上を目的とした南太平洋委員会（SPC）を一九四七年に設立した（山本、二〇〇〇）。この流れの中で、多くの島嶼国は一九六〇年代から七〇年代にかけて独立していった。

しかし、当地域におけるフランスやアメリカの核実験実施によってSPCに対する不信感が高まり、一九七一年、島嶼国五か国にオーストラリア、NZを加えた南太平洋フォーラム（SPF）が開催され、その地域経済協力を担う事務局として南太平洋経済協力機構（SPEC）を設立した。その後、SPFは加盟国を増やし、二〇〇〇年には名称を太平洋島嶼フォーラム（PIF）へと変更した。

また、一九九七年から三年に一回開催される日本─南太平洋フォーラム首脳会議（通称「太平洋島サミット」）や太平洋経済協力会議（APEC）が開始されるなど、島嶼国とアジアとの関係が深まっている。その一方で中国が新たなドナー国として登場しプレゼンスを高めて、当地域が一種の援助合戦の様相を呈しており、外交関係の複雑化が進行している。人口の少ない島嶼国では少しの援助額が一人当たりの受取額としては大きい金額になるのである。さらに、援助が経済の非自立性を形成したと指摘する北川（二〇一四）もある。

こうした援助に頼る島嶼国を移民・海外送金・海外援助・官僚政治に依存するＭＩＲＡＢ（Migration, Remittance, Aid, Bureaucracy）諸国と呼ぶこともある。関根（二〇一三）は、島嶼国の独立は必ずしも経済的な成果に結びついておらず、先進国の海外領土や自由連合諸国のままである方が生活水準の高いケースもあることから、オセアニアは先進と開発の二重構造ではなく、開発の中の二重構造にも注目する必要があることを指摘するとともに、過少人口や高い輸送費・通信費など九点の開発に向けた問題をあげている。

日本の当地域に対する経済援助はバブル経済の始まる一九八〇年代半ばから本格的に開始された。その後の経済不況に続いて太平洋地域における日本のプレゼンスが低下する中で、福嶋（二〇〇六）は当地域への日豪コラボレーションによる支援を提唱しており、「太平洋島サミット」もその好例であると考えられる。だが、黒崎（二〇一六）によると、「日本の太平洋島嶼地域の援助のスキームのなかで、とりわけ現地社会で評価されているプログラムは、技術協力の一環として各国に派遣されている青年海外協力隊と、一九八九年に小規模無償資金援助として始まった草の根・人間の安全保障無償資金協力である」とのことで、まだ大規模な円借款を活用する段階にはなさそうである。

オーストラリアは太平洋島嶼国への援助に重点を置いており、当地域への援助額は世界一位である。これは、当地域が受けた援助額の五～六割を占めている。とくに、メラネシア、なかでもパプアニューギニアとソロモン諸島に集中してきた。オーストラリアの援助はガバナンスの強化と教育や健康といった社会インフラの整備を重視している。このガバナンスの中には政府サービスの非効率、不正と汚職の蔓延、法や秩序の崩壊が含まれており、畝川（二〇一六）によると、「ガバナンス改善への援助は現在までのところほとんど成果を上げていない」という厳しい評価である。ガバナンス重視の援助政策は「オーストラリアの価値観の強制」としてパプアニューギニアを始めとするメラネシア諸国から反発を受けるとともに、二〇〇六年に軍事クーデタを起こしたフィジーを新興ドナーでありオーストラリアと価値観を共有しない側に追いやる結果となったのである。

太平洋島嶼地域の発展のために水産業と観光業が鍵を握るであろうと先に述べた。このうち、水産業に関しては東南アジア諸国でみられるように加工度を高めてゆく発展方式が期待される一方で、労働集約的な水産加工は人口が多く労働力の供給が十分であった東南アジアでこそ可能であったとする見方もできる[22]。そこで、これらの二産業に限定せず、人口希少国においても成立可能な産業、例えば情報産業や医療産業など、を候補として用意しておくことも考慮に入れておくべきであろう。

これらの点に関して、今まで東南アジアを主対象として産業インフラの形成に重点を置いて援助を進めてきた日本の経験は十分に活かされると考えられる。東アジアの奇跡と称される経済発展は必ずしも欧米諸国の言うグッド・ガバナンスを前提としたものではなく、シンガポール、マレーシアや韓国が経験した開発独裁と称される政治体制の下で実現されたものである。太平洋島嶼国の持続的な発展のためには、被援助国のグッド・ガバナンスを「行政が効率的に機能するガバナンス」と緩く解釈して実施する方向への模索も必要であろう。

注

(1) FAO, *The State of World Fisheries and Aquaculture*, 2016 のように海藻類の養殖を除外して一億六千七百万トンとするものもある。

(2) 前掲、FAO,2016.

(3) World Bank, *Fish to 2030: Prospects for Fisheries and Aquaculture*, 2013.

(4) Fromentin J.M. and Powers J.E., "Atlantic Bluefin Tuna: Population Dynamics, Ecology, *Fisheries and Management*",（*FISH and FISHERIES*, Vol.6, 2005, pp.281-306）.

(5) 小野征一郎「マグロ養殖業の課題」（熊井英水・宮下盛・小野征一郎共編著『クロマグロ完全養殖』成山堂、二〇一〇年）

(6) ICCAT, "Report of the Standing Committee on Research and Statistics",（Madrid, Spain, October, 2009, pp.5-9.）

(7) 当初は便宜置籍船や国際的な資源管理の枠組みを逃れて違法・無報告・無規制（ＩＵＵ）漁業を行う漁船のネガティブ・リストを作成し、その漁船からの国際商業取引を禁止していたが、二〇〇三年に正規許可船のみのポジティブリストを作成し、その漁獲物のみ国際商業取引が許可されることとなった。

(8) 熊井英水『究極のクロマグロ完全養殖物語』日本経済新聞出版社、二〇一一年。

(9) 漁業年度が二つの年次にまたがるという意味である。例えば、二〇〇三／〇四年は二〇〇三年と二〇〇四年にまたがった漁業年度を示す。以下、同様。

(10) Ridge Partners, *Overview of the Australian Fishing and Aquaculture Industry: Present and Future*, Fisheries Research and Development Corporation, 2010.

(11) オーストラリア政府農業水資源局の漁業管理に関するウェブサイト（http://www.agriculture.gov.au/fisheries/domestic/managing-australian-fisheries/二〇一七年四月二十七日参照）による。

(12) 前掲、Fisheries Research and Development Corporation.

(13) R・ヒルボーン・U・ヒルボーン『乱獲』によると、「海洋保護区」という言葉は周囲の海域よりも手厚く保護されている海域を指すのに使われており、二〇〇七年時点では、排他的経済水域における海洋保護区の面積は一・六パーセントにすぎず、真の禁漁区となっているのはわずか〇・二パーセントである。

(14) 株式会社ニューラルが運営するSustainable Japanのウェブサイト（http://sustainablejapan.jp/2016/02/27/johnwest-msc.wwf/21302　二〇一七年四月二十七日参照）による。

(15) 南太平洋諸国による漁業管理を目指す協定で一九八三年に発効。

(16) この一連の裁判の詳細については、小松正之・遠藤久『国際マグロ裁判』岩波書店、二〇〇二年を参照されたい。

(17) ＡＦＭＡのミナミマグロ漁業に関するウェブサイト（http://www.afma.gov.au/fisheries/southern-bluefin-tuna-fishery/　二〇一七年四月二十七日参照）による。

(18) Campbell D., Brown D. and Battaglene T., "Individual Transferable Catch Quotas: Australian Experience in the Southern Bluefin Tuna Fishery",（*Marine Policy*, Vol.24, 2000, pp.109-117.）, Kuronuma Y., "Multinational Management of an International Private Good: Southern Bluefin Tuna (SBT)",（*Journal of Australian Studies*, December, 1992, pp.72-99.）および Kuronuma Y., "Australian

Individual Transferable Catch Quotas and the Japanese License System for Southern Bluefin Tuna Fishing: Controls on Fishing Effort",（*The Otemon Journal of Australian Studies*, No.19, 1993, pp.109-129.）による。

(19)日本ではマグロとカツオが峻別されるが、国際的にはマグロの多くはツナ缶詰として消費されるため、カツオを含めてマグロ類とされる。

(20)高橋啓三「混迷のキリバス　速報　プロジェクトの現場から」（海外漁業協力財団『海外漁業協力』第七十三号、二〇一五年、一～九頁。）

(21)多田稔・大石太郎「アジアの水産加工業における比較優位の変動パターン――エビ調製品とツナ缶詰を対象として」（農林水産政策研究所『農林水産政策研究』第二〇号、二〇一三年、一～一一頁。）

(22)パプアニューギニアは人口約七〇〇万人で比較的東南アジア諸国と同様な条件を満たしている。しかし、ルウィン マング・木下俊和は「パプアニューギニアの社会経済状況に関する研究　社会文化的および政治的側面に焦点をあてて」（熊本学園大学海外事情研究所『海外事情研究』第四十巻第一号、二〇一二年、一～二四頁。）において、「経済発展の主要因の一である人口は増加傾向にあるが、一方で就学率および識字率が低いことから、質の高い熟練労働力が供給されない」との問題を指摘している。

参照文献

福嶋輝彦「南半球から見た日本――日豪関係の六〇年」（『外交フォーラム』都市出版、六月号、二〇〇六年、一〇～一五頁。）

ヒルボーン R・ヒルボーン U『乱獲』東海大学出版部、二〇一五年。

北川博史「太平洋島嶼国における持続可能な地域経済と地域構造の比較」、（岡山大学大学院社会文化科学研究科『文化共生学研究』第十三号、二〇一四年、二九～四一頁。）

黒崎岳大「太平洋島嶼地域における国際秩序の変容と再構築」（黒崎岳大・今泉慎也編『太平洋島嶼地域における国際秩序の変容と再構築』ＩＤＥ―ＪＥＴＲＯアジア経済研究所、二〇一六年。）

レビステＪＰ・堀口健治「水産協力」（環太平洋協力日本委員会編『二一世紀の太平洋協力』時事通信社、一九八八年。）

関根政美「現代オセアニア政治・社会論（序説）」（慶應義塾大学法学研究会『法学研究』第八十六巻第七号、二〇一三年、一〜三七頁。）

畝川憲之「転換期にあるオーストラリアのメラネシア援助政策」、（黒崎岳大・今泉慎也編『太平洋島嶼地域における国際秩序の変容と再構築』ＩＤＥ―ＪＥＴＲＯアジア経済研究所、二〇一六年。）

山本真鳥「太平洋島嶼諸国関係と地域協力」、（山本真鳥編『オセアニア史』山川出版社、二〇〇〇年。）

山下東子「アジア太平洋地域の基幹産業をめぐる国際関係　漁業を中心にして」、（菅谷稔編著『太平洋島嶼地域における情報通信政策と国際協力』慶應義塾大学出版会、二〇一三年。）

公衆衛生とサスティナビリティ
——オーストラリアのたばこ規制の取り組みを例に——

宮崎　里司

一　サスティナブルな開発目標と健康福祉

サスティナビリティ（持続可能性）とは、エコロジー、経済、政治、文化などに関する人類の文明活動が、将来にわたって持続できるかどうかを表す概念である。一九八七年に、「環境と開発に関する世界委員会」（WCED = World Commission on Environment and Development）が発行した最終報告書 Commis（『地球の未来を守るために』）において、「現在の世代の欲求も満足させるような開発」が取り上げられた。その後、二〇一五年の国連総会において、地球環境や経済活動、人々の暮らしなどを持続可能とするために、「誰も置き去りにしない（leaving no one left behind）」を共通の理念に、すべての加盟国が二〇三〇年末までに取り組む環境や開発問題に関する世界の行動計画（持続可能な開発目標 Sustainable Development Goals: SDGs）が採択された。ＳＤＧｓには、以下の表一に示すようないくつかの持続可能な開発目標が十七分野にわたって明示化されている（次頁表一）。

こうした目標の中には、発展途上国を取り巻く課題もあるが、目標三、五、八、十などは、先進国である日本も、率先して取り組むべき課題であり、日本政府では、二〇一六年五月に、安倍晋三首相を本部長とする、持続可能な開発目標推進本部が設置された。「我々の世界を変革する：持続可能な開発のための二〇三〇アジェンダ」の前文では、

表１　持続可能な開発（SDGs）のための2030目標ファクトシート

目標１：あらゆる場所で、あらゆる形態の貧困に終止符を打つ
目標２：飢餓に終止符を打ち、食料の安定確保と栄養状態の改善を達成するとともに、持続可能な農業を推進する
目標３：あらゆる年齢のすべての人々の健康的な生活を確保し、福祉を推進する
目標４：すべての人々に包摂的かつ公平で質の高い教育を提供し、生涯学習の機会を促進する
目標５：ジェンダーの平等を達成し、すべての女性と女児のエンパワーメントを図る
目標６：すべての人々に水と衛生へのアクセスと持続可能な管理を確保する
目標７：すべての人々に手ごろで信頼でき、持続可能かつ近代的なエネルギーへのアクセスを確保する
目標８：すべての人々のための持続的、包摂的かつ持続可能な経済成長、生産的な完全雇用およびディーセント・ワークを推進する
目標９：レジリエントなインフラを整備し、包摂的で持続可能な産業化を推進するとともに、イノベーションの拡大を図る
目標１０：国内および国家間の不平等を是正する
目標１１：都市と人間の居住地を包摂的、安全、レジリエントかつ持続可能にする
目標１２：持続可能な消費と生産のパターンを確保する
目標１３：気候変動とその影響に立ち向かうため、緊急対策を取る
目標１４：海洋と海洋資源を持続可能な開発に向けて保全し、持続可能な形で利用する
目標１５：陸上生態系の保護、回復および持続可能な利用の推進、森林の持続可能な管理、砂漠化への対処、土地劣化の阻止および逆転、ならびに生物多様性損失の阻止を図る
目標１６：持続可能な開発に向けて平和で包摂的な社会を推進し、すべての人々に司法へのアクセスを提供するとともに、あらゆるレベルにおいて効果的で責任ある包摂的な制度を構築する
目標１７：持続可能な開発に向けて実施手段を強化し、グローバル・パートナーシップを活性化する

出典：国際連合広報センター（プレスリリース2015年9月17日）より
http://www.unic.or.jp/news_press/features_backgrounders/15775/

ミレニアム開発目標（MDGS）が合意されたが、これらは、開発のための重要な枠組みを与え、多くの分野で重要な進展が見られたと記されている。しかしながら、進展にはばらつきがあったため、ＳＤＧｓと関連し、貧困撲滅、保健、教育及び食料安全保障と栄養といった継続的な開発分野の優先項目が含まれている。とりわけ、前述した目標三には、「あらゆる年齢の全ての人々の健康的な生活を確保し、福祉を促進する」という大項目の下、「薬物乱用やアルコールの有害な摂取を含む、物質乱用の防止・治療を強化する」に加え、「全ての国々において、たばこの規制に関する世界保健機関枠組条約の実施を適宜強化する」ことが挙げられている。本章では、こうした項目内容を踏まえ、世界でも先進的なオーストラリアのたばこ規制の取り組みに焦点を当て、将来と現在が欲するニーズを満たす、たばこに関する持続可能な公衆衛生課題とは何かを考察する。あわせて、日本が取り組むべきたばこ規制についても検証する。

二　世界保健機構（WHO）のFCTC政策とMPOWERの取り組み

二〇〇三年五月二十一日に、ＷＨＯ（World Health Organization：世界保健機構）の第五十六回総会において、公衆衛生分野で初の国際条約である、「たばこの規制に関する世界保健機関枠組条約」（Framework Convention on Tobacco Control FCTC）が、全会一致で採択され、二〇〇五年二月二十七日に発効された。締約国は、二〇一七年現在、百八十の国と地域に達し、世界人口の八十九パーセントをカバーするに至っている。ＦＣＴＣの目的は、その第三条に、「たばこの消費及びたばこの煙にさらされることが、健康、社会、環境及び経済に及ぼす破壊的な影響から、現在及び将来の世代を保護すること」と示され、締約国は、たばこ消費の削減に向けて、広告・販売への規制、密輸対策が求められている。このＦＣＴＣの主要条文には以下のように記されている。

一．公衆衛生政策のたばこ産業からの保護（第五条三項）
二．たばこの需要を減少させるための価格及び課税に関する措置（第六条、たばこの価格政策）
三．たばこの需要を減少させるための価格に関する措置以外の措置（第七条）

四．たばこの煙にさらされることからの保護（第八条、受動喫煙の防止）
五．たばこ製品の含有物に関する規制（第九条、成分規制）
六．たばこ製品についての情報の開示に関する規制（第十条、情報開示）
七．たばこ製品の包装及びラベル（第十一条、警告表示）
八．教育、情報の伝達、訓練及び啓発（第十二条）
九．たばこの広告、販売促進及び後援（第十三条、広告・宣伝の禁止）
十．たばこへの依存及びたばこの使用の中止についてのたばこの需要の減少に関する措置（第十四条、禁煙支援・治療）
十一．たばこの供給の減少に関する措置
十二．たばこ製品の不法な取引（第十五条）
十三．未成年者への及び未成年者による販売（第十六条）
十四．経済的に実行可能な代替の活動に対する支援の提供（第十七条）

ＦＣＴＣに批准した場合には、受動喫煙被害防止をなくすための誠実かつ迅速な対策を実行する義務が課され、包括的なパッケージとしてＷＨＯでは、以下に示すＭＰＯＷＥＲに沿って項目が立てられている。ＭＰＯＷＥＲとは、たばこ規制に関する次の六つの主要政策の頭文字を取ったもので、ＦＣＴＣの八条分の規則が網羅されており、対策の進捗評価のツールとしても使われている。

M: Monitor tobacco use and prevention policies（たばこの使用と予防政策をモニターする　第二十、二十一条）
P: Protect people from tobacco smoke（受動喫煙からの保護　第八条）
O: Offer help to quit tobacco use（禁煙支援の提供　第十四条）

W: Warn about dangers of tobacco（警告表示等を用いたたばこの
危険性に関する知識の普及　第十一、十二条）
E: Enforce bans on tobacco advertising、promotion and sponsorship
（たばこの広告、販促活動等の禁止要請　第十三条）
R: Raise taxes on tobacco products（たばこ税引き上げ　第六条）

三　たばこに関するオーストラリアの具体的な政策

では、オーストラリアは、FCTCの条約を基に、どのような先進的な取り組みを導入しているのだろうか。オーストラリア政府による、二〇一二年度の連邦予算には、二〇一七年から四年間、毎年十二・五パーセントずつ税率を上げるたばこ増税が盛り込まれた。これは、FCTCの第六条に基づいた措置である。具体的には、たばこ二十五本入りの一箱が、二〇二〇年には四十豪ドル（約三千二百円）になる計算である。その結果、二〇一八年から二〇一九年のミドルタームには、五億豪州ドル（約四百億円）の税収を見込んでいる。ここで、オーストラリアのたばこの価格が、他の国と比べても、いかに高価であるか、表二に示されている。

この表は、Marlboro（マルボロ）とCamel（キャメル）という、二種類の紙巻きたばこの価格を、豪、日、米、英の四カ国で比較したものである。それぞれの国の消費税率(例：オーストラリアは十パーセント)

	オーストラリア	日本	アメリカ	イギリス
銘柄１（小売価格）	Marlboro（フィリップモリス社製） $23.85（約 2,003 円）	（マルボロ） 460 円	Marlboro Red King Size（20 本入） $ 2.792（約 310 円）	Marlboro Red King Size Cigarettes (20 本入) £ 9.99（約 1,378 円）
銘柄２（小売価格）	Camel（RJ レイノルズ・タバコ社製） $27.5625 (約 2,315 円)	（キャメル） 440 円	Camel Blue (25 本入) $ 2.708（約 301 円）	Camel King Size Subtle Flavour Cigarettes(20 本入) £ 10.09（約 1,392 円
換算レート	$1 ≒ 84 円 (2017 年 4 月 15 日)		$1 ≒ 111 円 (2017 年 4 月 15 日)	1 £ ≒ 138 円 (2017 年 4 月 15 日)

各国のデータは、以下による
オーストラリア（Online Tobacconist In Australia） https://www.ifag.com.au/index.php/tobacco-packs.html
日本（たばこ商品 JT ウェブサイト） https://www.jti.co.jp/tobacco/products/index.html
アメリカ（cigaretprices.com） http://www.cigaretprices.com/NewYork.html
イギリス (Rolling Tobacco at Tesco)http://www.mysupermarket.co.uk/grocery-categories/Rolling_Tobacco_in_Tesco.html

表２　豪日米英の、たばこに関する価格比較

には差があるため、単純な比較はできないものの、日本と比べ、それぞれ、四・三五倍と五・二六倍、アメリカに至っては、六・四六倍と五・二六倍、欧州連合（European Union:EU）で、最も高いイギリスと比べても、一・四五倍と一・六六倍となっている。たばこは、単に、富裕者のみに購入できる嗜好品として位置づけるべきではなく、貧困層に依存症を植え付けてしまう常習性の高い有害物質であるという、公衆衛生上の強いメッセージは、現在と将来のニーズに合致した持続可能な対策の一環でもある。ここで、オーストラリアのたばこ事情を、さらに詳しく概観しておく。まず、たばこの購入に当たっては、ＦＣＴＣの第十三条に基づき、たばこ会社による一切の広告・宣伝活動も禁止する環境を設定している。さらに、日本のような自動販売機はないため、購入希望者は、以下に挙げる、四種類の販売店で買い求めなければならない。

一．タバコニスト（Tobacconist）と呼ばれるたばこ屋（TSG、CIGNALL）
二．ウールワース（Woolworths）やコールズ（Coles）などのスーパーマーケットにあるカスタマー・サービスカウンター
三．新聞・雑誌、宝くじを売るニュース・エージェント（News Agent）やキオスク（Kiosk）
四．ガソリンスタンド

しかしながら、こうした販売店で買い求められた場合でも、実際に喫煙する場合には、ＦＣＴＣの第八条（受動喫煙の防止）に従い、さらに高いハードルが設定されている。州ごとに、厳しく禁煙区域が設定されているからであるが、ヴィクトリア州（State of Victoria）を例に見てみよう。ヴィクトリア州は、他の州と同様、全ての公共の建物内が禁煙となっている。また、自宅以外の建屋内、電車、市電、バスなどの公共交通機関内、ホテル全館、全室、レストランやバーなどの飲食店、フェスティバルなどで食べ物を取り扱っている露店などでは、露店から十メートル以内は、全面禁煙となる（二〇一七年八月一日から施行）。さらに、青少年や高齢者のような弱者がたばこの副次的な被

害を受けないよう、次のような場所で禁煙となっている。

一・学校などの教育機関、病院などの医療機関、政府の諸機関の建物の入り口付近四メートル以内
二・幼稚園、小中高等学校の園庭や校庭
三・公共のプール
四・監視人が就業しているビーチ
五・電車や市電、バスなどの公共交通機関の駅や停留所
六・未成年者を対象としたイベントの会場

なお、多くの州では、十六歳ないし十八歳未満の子供がいる車内での喫煙は、たとえ自分の車でも罰金の対象となっている。

四 プレーンたばこパッケージ（Plain Tobacco Packaging）規制

前節で言及したオーストラリアでのたばこの購入については、販売できる場所が、限定されているだけではない。たばこの製品個装自体に強い規制を義務付けることにより、消費者の購買意欲を減退させる工夫もなされている。具体的には、シンプルなデザインとなるパッケージ化を進める、世界で最も厳格な規制法案を二〇一一年、政府が提出し、二〇一二年十二月に、「プレーンたばこパッケージ（Plain Tobacco Packaging）規制」法を導入した。プレーンパッケージ規制法は、たばこメーカー等に対し、製品個装を以下のように規制するよう義務付けている。

一・くすんだ茶色（drab brown）の背景に、製品名の表示は、表示位置、フォントサイズ、色、スタイルを

全てについて同一にする。

二．画像入り警告表示を前面七十五パーセント、裏面九十パーセントの面積で表示。

三．病気になった歯茎や失明した目、入院する子どもなど、健康に対するたばこの害を訴える警告画像やメッセージを印刷する。

四．パッケージは、たばこ製造会社独自のデザインを廃止。

五．すべてのたばこのパッケージのロゴを喫煙が健康に及ぼす害について画像で警告を入れる。

六．ブランドを問わず、喫煙撲滅のスローガンを明記。

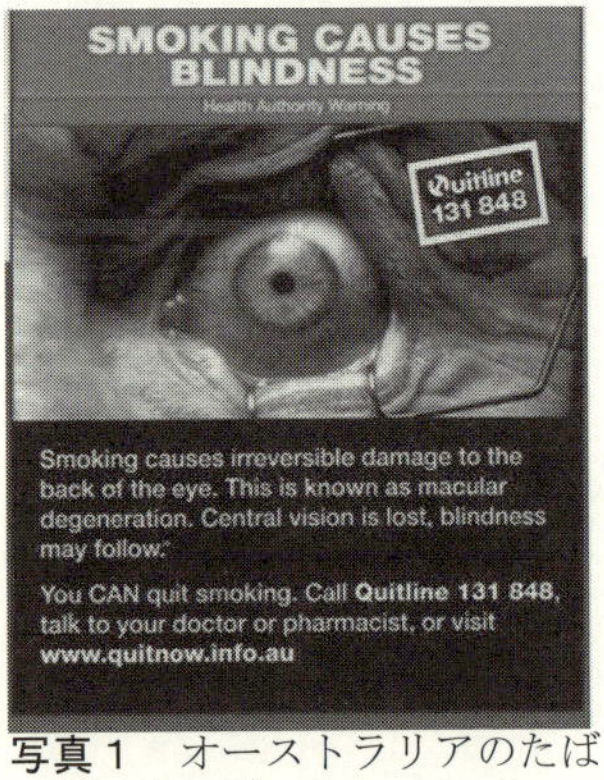

写真１　オーストラリアのたばこパッケージ
https://matome.naver.jp/odai/2138579129498309101

六のスローガンについては、健康被害を謳う文言だけが大きく表示され、以下のような注意文言を明記することが義務付けられている。

一．SMOKING HARMS UNBORN BABIES（喫煙は胎児に害を及ぼす）

二．SMOKING CAUSES BLINDNESS（喫煙は失明の原因になる）

三．SMOKING CAUSES LUNG CANCER（喫煙は肺がんの原因になる）

四．SMOKING CAUSES MOUTH CANCER（喫煙は口腔がんの原因になる）

五．SMOKING CAUSES PERIPHERAL VASCULAR DISEASE（喫煙は抹消血管疾患の原因になる）

六．SMOKING CAUSES EMPHYSEMA（喫煙は肺気腫の原因になる）

七．QUITTING WILL IMPROVE YOUR HEALTH（禁煙はあなたの健康を改善する）

八．SMOKING DAMAGES YOUR GUMS AND TEETH（喫煙は歯茎及び歯を損なう）
九．SMOKING CAUSES THROAT CANCER（喫煙は咽頭がんの原因になる）
十．SMOKING CAUSES HEART DISEASE（喫煙は心疾患の原因になる）
十一．SMOKING CAUSES KIDNEY AND BLADDER CANCER（喫煙は腎臓及び膀胱がんの原因になる）
十二．SMOKING KILLS（喫煙は死に至る）
十三．SMOKING DOUBLES YOUR RISK OF STROKE（喫煙は脳卒中になる危険が二倍になる）
十四．DON'T LET OTHERS BREATHE YOUR SMOKE（あなたの煙を他人に吸わせるな）

こうしたたばこ規制は、オーストラリアだけではない。ＥＵは、二〇一四年五月に、「加盟国は二〇一六年五月二十日までに国内の法制化を行う必要がある」ことを盛り込んだ、「ＥＵたばこ製品指令（Tobacco Products Directive（TPD））」を試行した。これによると、たばこパッケージの両面の六十五パーセント以上に、たばこが、七十以上の発がん物質を含むという健康被害を表示すること、フレーバー付きたばこの販売を禁止すること（メントールは二〇二〇年まで猶予）、電子たばこ用カートリッジのニコチン含有量を、一ミリリットルあたり二十ミリグラム以下に制限することなどを定めており、二〇一六年五月二十日に発効した。これに従い、英国、アイルランド、フランスなどでは、二〇一五年十二月に規制法案を成立させ、翌二〇一六年五月から施行されている。

五　日本の現状と対策

こうしたオーストラリアのたばこ規制に対し、日本の公衆衛生の政策は、どの程度進んでいるのであろうか。ＦＣＴＣのＭＰＯＷＥＲに即して判断すると、たばこ使用の状況・予防施策の実態把握については、二〇一四年時点で、「最高レベル」と判定されたが、受動喫煙防止対策、脱たばこ・メディアキャンペーン、たばこの広告・販売・講演の禁止の取り組みは「最低レベル」とされた。

日本は、主要八か国（Ｇ８）首脳会議加盟国の中でも、際立って防止法対策が遅れており、表三に示す世界十六カ国の中でも、ほとんどの施設や機関での施行状況は立ち遅れている。世界の百八十八カ国中、公共の場所（一．医療施設、二．大学以外の学校、三．大学、四．行政機関、五．事業所、六．飲食店、七．バー、八．公共交通機関）に屋内全面禁煙義務の法律があるのは、オーストラリア、カナダ、ブラジル、インド、ニュージーランド、トルコを始め、四十九か国（約二十六パーセント）に過ぎず、日本は、屋内全面禁煙義務の法律がなく、世界最低レベルに分類されてい

			各種施設						公共交通機関／自家用車						公共的施設					
			官公庁	医療施設	教育施設	大学	一般企業	業務用車両	飛行機	列車	フェリー	バス 路面電車	タクシー	自家用車	文化施設	ショッピングセンター	パブ・バー	ナイトクラブ	レストラン	
G8	イギリス	国法	○	○	○	○	○	○	○	○	○	○	○	×	○	○	○	○	○	*2
	ドイツ	国法・州法	○	○	△	△	△	○	○	○	△	○	○	×	△	△	△	△	△	*1
	カナダ	国法・州法	○	○	○	○	○	△	○	○	○	○	○	△	○	○	○	○	○	*1
	フランス	国法	○	○	○	△	△	△	○	○	△	○	○	×	△	△	△	△	△	
	イタリア	国法	△	○	△	△	△	×	○	○	○	○	○	-	△	△	△	△	△	*1*3
	アメリカ（52州）	州法	38				34							5		30	28		34	
	ロシア	国法	○	○	○	○	○	○	○	○	○	○	○	○	○	○	2014年6月全面禁煙			*3
	日本	なし	×	×	×	×	×	×	○	×	×	×	×	×	×	×	×	×	×	
G20	韓国	国法・州法	○	○	○	○	○	-	○	○	○	○	×	×	○	○	△	×	△	*2
	中国	国法	△	○	○	-	△	△	○	△	-	○	△	-	△	-	×	×	△	
	オーストラリア	国法・州法	○	○	○	○	△	-	○	○	○	○	○	△	○	○	○	○	○	*3
	ブラジル	国法・州法	○	○	○	○	○	○	○	○	○	○	○	×	△	△	△	△	△	
	インド	国法・州法	○	○	○	○	○	○	○	○	○	○	○	-	○	○	○	○	△	
他	アイルランド	国法	○	○	○	○	○	○	○	○	△	○	○	-	○	○	○	○	○	
	ニュージーランド	国法	○	△	○	○	○	○	○	○	○	○	○	×	○	○	○	○	○	*1
	トルコ	国法	○	○	○	○	○	○	○	○	○	○	○	×	○	○	○	○	○	

WHO が実施した各国の担当者に対する FCTC の実施状況調査より作表：[○] 完全禁煙　[△] 一部禁煙　[×] 規制なし　[-] 無回答

*1「喫煙室の容認」がある。
　カナダでは緩和病棟・精神科病棟など特殊な施設のみ喫煙室容認 ホテルの客室や居住に用いられている部屋は喫煙可能
　ニュージーランドでは精神科病棟と終末医療施設で喫煙室を容認

*2「罰則」がある。
　イギリスでは 50 ポンド（15 日以内に支払えば 30 ポンド）
　韓国では 100,000 ウォン

*3 イタリアではバーなど「全席喫煙」の選択も可能であるが、それを選択しているのは 3％以下
　ロシアでは長距離客船のみ除外
　オーストラリアでは子どもを乗せている場合に自家用車内の喫煙が禁止

出典：厚生労働省 生活習慣病予防のための健康情報サイト e- ヘルスネットより
(https://www.e-healthnet.mhlw.go.jp/information/tobacco/t-05-002.html)
（最終閲覧日：2017 年 8 月 30 日）

表３　主要国の受動喫煙防止法の施行状況（2012 年時点）

る（WHO report on the global tobacco epidemic, 2015）。二〇一六年国立がん研究センターの発表によれば、喫煙に由来した死亡者が、少なくとも年間一万五千人で[1]、全国の交通事故死者数（三千九百四人）（事故発生から二十四時間以内の死亡）（警察庁二〇一六年調べ）の約四倍に達している。受動喫煙を受けなければ、肺がん、虚血性心疾患、脳卒中、乳幼児突然死症候群（SIDS）で死亡せずに済んだと推計されている。一万五千人の内訳としては、受動喫煙による年間死亡数推計値として肺がん二千四百八十四人、虚血性心疾患四千四百五十九人、脳卒中八千十四人、乳幼児突然死症候群七十三人となっている。

開催年	夏季・冬季	開催国	開催都市
2008年	夏季	中国	北京
2010年	冬季	カナダ	バンクーバー
2012年	夏季	英国	ロンドン
2014年	冬季	ロシア	ソチ
2016年	夏季	ブラジル	リオデジャネイロ
2018年	冬季	韓国	平昌

表4　夏季・冬季オリンピックデータ
(2008年～2018年)

さらに、二〇一〇年七月二十一日、ＷＨＯとＩＯＣ（International Olympic Committee 国際オリンピック委員会）は、身体活動を含む健康的な生活習慣を選択すること、すべての人々のためのスポーツ、たばこのないオリンピック、子どもの肥満を予防することを共同で推進することについて合意されている。合意後、日本を除く全てのオリンピック開催国・開催予定国は、罰則を伴う法規制を実施してきている。

喫煙率について、ＷＨＯ加盟国百九十四の国と地域を対象とした、World Health Statistics 2016（世界保健統計二〇一六）（二〇一六年五月十九日）を基に[2]、日豪を比較してみると、オーストラリアでは、男性が、十六・七パーセント（第百二十一位）、女性が、十三・一パーセント（第四十七位）となっているのに対し、日本は、男性が三十三・七パーセント（第六十位）と、二倍近くの喫煙率になっており、女性が、十・六パーセント（第五十八位）となっている。厚生労働省研究班が[3]、二〇一六年に公表した「たばこ白書」で、たばこと病気の因果関係が十分と推定された肺がん、脳卒中、心筋梗塞（こうそく）や狭心症などの虚血性心疾患にかかる医療費を推計したところによると、たばこを吸わない人が受動喫煙によって肺がんや脳卒中などにかかり、余計にかかる医療費が二〇一四年度一年間で三千二百三十三億円に上るという推計を発表している[4]。また、研究班は喫煙者の医療費も推計した。たばこを吸うことで余計にかかる医療費が、肺や胃のがん、脳卒中、虚血性心疾患などで一年間に一兆一千六百六十九億二千万円に上るとした。

六　たばこと生活習慣病予防に向けて

たばこの煙に含まれている「ニコチン」や「一酸化炭素」は、血圧を上げて動脈硬化を進め、狭心症や心筋梗塞などといった生活習慣病のリスクを高める(5)。また、炭水化物の代謝異常によって起こる疾病である糖尿病は、血糖値上昇などの特徴があり、喫煙することで、血糖コントロールが悪化させてしまう。以下の表五と表六は、日豪の平均寿命と健康寿命を比較したものである。健康寿命とは自立した生活ができる期間を指し、世界平均は六十三・一歳となっている。この統計はＷＨＯ加盟国百九十四の国と地域を対象としている。

これらの表から、日本は、喫煙率は高いものの、平均寿命や健康寿命は世界でもトップクラスであることから、たばこと健康の相関関係に疑問を呈し、喫煙に対する規制や社会実態を把握する必要を訴える向きがある。しかしながら、有害物質を「吸う権利」や、「社会実態の軽視」、さらには、「喫煙者としての社会的弱者の保護」などは論外であり、ましてや、マナーや文化の問題にすり替えてはならない。国民の健康か、一部の人の利益か、どちらを選択するかの議論は不毛である。受動喫煙防止を強化する健康増進法改正を巡り、東京オリンピック・パラリンピックに向けて受動喫煙対策の徹底を掲げる厚生労働省に対し、飲食店を「喫煙」「禁煙」「分煙」の表示義務にとどめたい自民党の対案が、二〇一七年五月八日にまとまった。これは、

順位	国名	平均寿命（男性）2015年	順位	国名	平均寿命（女性）2015年
1	日本	83.7	1	日本	86.8
4	オーストラリア	82.8	7	オーストラリア	84.8

表５　日豪の男女別平均寿命比較

順位	国名	健康寿命の男女平均（2015年）
1	日本	74.9
１５	オーストラリア	71.9

表６　日豪の健康寿命の男女平均比較

葉タバコ農家や飲食店団体などの支援を受ける議員から「たばこを吸う人の権利を認めないのか」「小規模飲食店が経営危機に陥る」などという、「たばこ議員連盟」（会長・野田毅元自治相）を中心とする圧力団体からの要望に応えた形であるが、持続可能な公衆衛生的なアプローチとは、大きく異なる。東京都の小池百合子知事は、二〇一八年四月から都庁と出先機関の事業所を全面禁煙にするという全庁対策を徹底しようとするが、実現するかは微妙である。

七　結論　サステイナブルなたばこ規制と公衆衛生

本章では、「あらゆる年齢のすべての人々の健康的な生活を確保し、福祉を促進する」という、ＳＤＧｓの目標の下、全世界で関心が高まるたばこ規制について、オーストラリアを例に、その政策を概観し、かつ、日本との比較も試みた。将来の世代の欲求を満たしつつ、現在の世代の欲求も満足させるような開発課題として、たばこ規制は、公衆衛生の中でも、最優先課題と言っても過言ではない。にもかかわらず、日本では政府が徴税手段として国が独占販売してきた歴史があり、既得権益の構造が出来上がってしまっていることがたばこ対策の遅れにつながっている。また、たばこは、もはや、富裕層にとっての嗜好品ではなく、貧困層の特徴的な生活習慣の一つであり、そうした常習喫煙者の依存症から抜け出させるＷＨＯの大きな目標でもある。貧困層にも広がりつつある、肥満、糖尿病、高血圧の生活習慣病の予防のためにも、オーストラリアのたばこ規制が、他の先進国に、どのような影響をもたらすか、注視する必要がある。たばこの健康被害は、健康に配慮すべき都市計画の一環として、サステイナブルな健康福祉社会の実現に不可欠な公衆衛生課題である。そのためにも、サステイナブルな公衆衛生を維持する教育は不可欠であると言える。

注

(1)受動喫煙による年間死亡者数（日本）出典：厚労省ホームページ（www.mhlw.go.jp/file/06-Seisakujouhou.../0000130674.pdf 最終閲覧日二〇一七年八月三〇日）

(2) World Health Statistics 2016（http://www.who.int/gho/publications/world_health_statistics/2016/en/ 最終閲覧 二〇一六年五月十九日）

(3) 研究代表者、中村正和・地域医療振興協会ヘルスプロモーション研究センター長。

(4) 配偶者からと職場での受動喫煙を考慮し、四十歳以上の患者数や喫煙の有無による病気のなりやすさの違いなどをもとに計算。受動喫煙によって肺がんにかかるのは約一万一千人で三百三十五・五億円、脳卒中は約十二万九千人で千九百四十一・八億円、虚血性心疾患が約十万一千人で九百五十五・七億円に上る。

(5) 成人病と呼ばれていた、糖尿病や高血圧疾患を併発する場合が増加したが、一九九八年より、病気の原因が年齢よりもその人の生活習慣と深い関わりのあるということがわかり、生活習慣病と呼称が変わった。

参照文献

日本禁煙学会（http://www.jstc.or.jp/　最終閲覧　二〇一七年五月十三日）

厚生労働省　たばこと健康に関する情報ページ（http://www.mhlw.go.jp/stf/seisakunitsuite/bunya/kenkou_iryou/kenkou/tobacco/index_1.html　最終閲覧　二〇一七年五月十　三日）

World Health Organization, Framework Convention on Tobacco Control ,(http://www.who.int/fctc/en/　最終閲覧　二〇一七年五月十三日)

World Health Organization Noncommunicable diseases: the slow motion disaster, (http://www.who.int/publications/10-year-review/ncd/en/index4.html　最終閲覧　二〇一七年五月十三日)

国際連合広報センター（プレスリリース二〇一五年九月十七日）(http://www.unic.or.jp/news_press/features_backgrounders/15775/　最終閲覧日　二〇一七年九月一〇日)

United Nations Sustainable Development Goals (http://www.un.org/sustainabledevelopment/　最終閲覧　二〇一七年五月十三日)

厚生労働省　生活習慣病予防のための健康情報サイト e- ヘルスネットより　(https://www.e-healthnet.mhlw.go.jp/information/

tobacco/t-05-002.html　最終閲覧　二〇一七年五月十三日）

Australian Government, Department of Health, Introduction of Tobacco Plain Packaging in Australia, (http://www.health.gov.au/internet/main/publishing.nsf/content/tobacco-plain　最終閲覧　二〇一七年五月十三日）

World Health Organization Tobacco Free Initiative (TFI), (http://www.who.int/tobacco/mpower/en/　最終閲覧　二〇一七年五月十三日）

持続可能な不登校の子どもの教育保障に向けて
――オーストラリアの「孤立した子どもたちへの支援策」に学ぶ――

樋口くみ子

一　はじめに

二〇十六年十二月、「義務教育の段階における普通教育に相当する教育の機会の確保等に関する法律（平成二十八年十二月十四日法律第百五号）」（以下、「教育機会確保法」と表記する）が成立し、不登校の子どもの学びの保障に向けて、日本社会は今まさに大きく変容しようとしている。

具体的にどのように教育機会の保障を図ろうとしているのか、その手立てとして文部科学省の施策を見ると、不登校の子どもの保護者が中心となって作った「フリースクール」、夜間中学、地方自治体および教育委員会が設置運営する不登校の学外施設である「教育支援センター（適応指導教室）」とが視野に入れられている。そして、これらの施設のなかでもとりわけ適応指導教室は、地理的に幅広く数多く設置されていること、教育行政が運営を中心的に担うといった点から、もっとも手厚い施策がなされてきた。具体的には現在、すべての自治体にひとつ以上の適応指導教室を設置すべく、その促進が図られている段階にある。ここで重要なのは、その設置促進の先にある、地方の不登校の子どもたちの教育保障をいかに図るかという点である。適応指導教室は確かに、ごく一部の大都市に設置が集中するフリースクールなどの民間施設に比すると、中小規模な自治体にも多く設置されている(1)。しかしながら、小規模な自治体においては通室生が確保できないことから存続の危機にある教室もある。そのため、持続可能な運営という点から近隣の自治体に広域圏として受け入れ設置協定を結んでいるケースも少なくない(2)。また、自治体に適応指導教室が設置されたところで、公立小中学校の学区のように細かく設置されているわけではない以上、へき地教育的な要素ももつ。ここには単なる箱モノとしての設置促進を超えて、通学や学びの保障も含め、いかに持続可能なかたちで不登校の子どもたちの教育保障を図るかが問われているのである。

そこで本章では持続可能なかたちでの不登校の教育保障のあり方を検討すべく、オーストラリアのへき地教育施策から発展した「孤立した子どもたちへの支援策」に着目する。オーストラリアは広い国土かつ少ない人口での教育保障という観点から、放送学校（School of Air）や人工衛星による遠隔地教育など、へき地教育の最先端を走ってきた(3)。詳しくは後述するが、そのなかで連邦政府レベルの施策では、へき地教育以外の要素――日本での不登校支援に該当する要素も含めた「孤立した子どもたちへの支援策」を実施してきた。この点において、オーストラリアの同支援策をもとに、日本の教育機会確保法の対象になる学外施設の取り組みを捉えなおし、持続可能な不登校の子どもの教育保障に向けた課題を浮かび上がらせていくことが可能であろう。

オーストラリアの「孤立した子どもたちへの支援策」に着目することは、日本の不登校研究およびへき地教育研究に対しても大きな意義がある。これまで日本の不登校研究では、日本の不登校現象は欧米諸国の類似した現象とは大きく異なるものとされてきた。そのため、比較研究が行われることもほとんどなく、行われたとしてもその範囲は韓国など一部のアジア諸国に限られてきた。こうしたなか、本施策を事例にオーストラリアとの比較可能性を模索するという本章の試みは、今後の不登校研究への新たな視座の提供につながる点で重要だといえる。また、オーストラリアのへき地教育に関する日本の文献では、放送学校などの具体的な教育の内実は数多く紹介されてきた。しかし他方で「孤立した子どもたちへの支援策」は連邦政府やへき地の子どもの親の会から重要な支援とみなされているにもかかわらず、その管轄が教育訓練省（Department of Education and Training）ではなく、福祉サービス省（Department of Human Services, DHS）であることも影響してか、ほとんど紹介されてこなかった。本章では、同支援策に着目することで、遠隔教育の機会の平等を福祉政策面でいかに図ろうとしてきたのかを明らかにする点でも意義がある。

本章の流れは、以下の通りである。まず、二節では連邦政府レベルで行われている「孤立した子どもたちへの支援策」に着目し、同支援策がへき地の子どもだけでなく不登校の子どもの支援も兼ねていることを明らかにしたうえで、具体的にいかなる支援を行っているのか、その詳細を描く。次に三節では、二節で描いた連邦政府の施策の特徴を明らかにすべく、オーストラリアのなかでもへき地教育に対して先駆的な取り組みを続けてきたクィーンズランド州の類似した施策と比較検討していく。四節では現行の「孤立した子どもたちへの支援策」に対する批判を整理する。そのうえで五節では、同支援策から得られる日本の不登校支援への示唆について述べる。

二　連邦政府の支援

オーストラリアでは基本的に、教育に関しては州政府の自治の対象となっている。しかし、連邦政府も独自に経済的支援を行ってきた経緯がある。連邦政府による教育施策のうち孤立した子どもたちへの支援は、一九七三年制定の「児童生徒の支援法（Student Assistance Act）」によって定められている。そして、これを具体化したものが、福祉サービス省による「孤立した子どもたちへの支援策（Assistance for Isolated Children Scheme, 以下ＡＩＣと表記する）」である。以下、二〇一七年三月に発行されたＡＩＣの最新のガイドラインを参考に、その詳細についてみていきたい[(4)]。

ＡＩＣの対象となる子どもたち

本施策の対象となるのは、（Ａ）地理的な孤立、（Ｂ）「特別なニーズ（special needs）」、（Ｃ）地理的以外の要素による孤立から、日常的に州立校に通うことができない初等・中等教育、第三段階教育（Tertiary Education）の子どもたちである。

まず、（A）の地理的な孤立とは、①自宅から五十六キロメートル内に認可校がない、②自宅から十六キロメートル内に認可校がなく通学手段となる最寄りの交通機関まで四・五キロメートル以上かかる、③交通状況により一年間に二十日以上欠席せざるをえない日があるという、いずれかの状態を指す。とりわけ③の状況判断に関しては保護者の責任を超えていることが重要な基準となっており、例えば自宅の敷地が整備されておらず運転できない、保護者の免許停止処分により送り迎えができない場合は欠席日数に含まれない。

次に（B）の「特別なニーズ」が指し示す範囲は幅広く、大別すると④特別支援学校に通う子どもたち、⑤特別な機関や特別な環境にアクセスする必要がある子どもたち、⑥家で学習する必要のある子どもたち、⑦地元の学校環境から離れる必要のある子どもたち、⑧学習障害（Learning Disability）のためにテストもしくはサポートを受ける必要のある子どもたち、⑨学習サポートを受ける必要のある子どもたち、⑩地元の学校で感情的な不利益を被っている子どもたちの七種類に分けられる。これら④～⑩の子どもたちの特徴は以下の通りである。

④特別支援学校に通う子どもたち：ここには、特別支援学校や特別支援学級に通っている子どもたちだけでなく、特別支援学級に通う子どもとしては認定されていないものの、学習困難（Learning Difficulty）や健康上の問題を抱えた子ども、もしくは何らかの障害を抱えた子どもたちも含まれる。

⑤特別な機関・環境にアクセスする必要がある子どもたち：一年に二十日以上学校を欠席しており、特別な機関・環境に変わることで、欠席状態の回復が望まれる子どもたちが対象となる。例えば、親が刑務所に入っていることを理由に周囲よりからかいを受け欠席しがちとなっている子どもや、通学の結果リウマチなどの持病が悪化した子どもなどもここに含まれる。なおＡＩＣの受給にあたり、これらの子どもたちは環境が変わることで状態が改善されることを、医者やカウンセラーなどの診断による医学的根拠のもと示される必要がある。

⑥自宅で学習する必要のある子どもたち：ここには、毎日学校に通うことを控えたほうが良い児童生徒たちが含まれる。例えば妊娠している生徒などは当該ケースに含まれる。これらの子どもたちがＡＩＣを受給するにあたっては、

医師の診断又は専門家の診断が必要となる。

⑦**地元の学校環境から異動させる必要のある子どもたち**：このカテゴリーには、人間関係上の問題により心理的・情緒的・感情的・身体的な健康が悪化している、またはそれらを理由に学校から追放された子どもたちが該当する。ここでは、ＡＩＣの受給にあたり、いかなる理由で特別なニーズが生じているのか、そして家族と学校がその問題の解決に失敗したこと、さらに地元には当該生徒に適した学校がないということを、州の教育長官または代理人が示す必要がある。

⑧**学習障害のためにテストもしくはサポートを受ける必要のある子どもたち**：ここには学習障害の診断テストやサポートを受けるために五日間以上自宅から離れる必要のある児童生徒が該当する。この場合は教育委員会や教育心理学者によって、その主張が支持される必要がある。

⑨**学習サポートを受ける必要のある子どもたち**：学習サポートのために専門的教員や機関があり、それらのプログラムに参加したいという要望が児童生徒から出される場合がこれに該当する。ここには、第二言語としての英語教育受講や、学習困難、学習障害の子どもが含まれる。この場合、学校からそれを示す証拠が出される必要がある。

⑩**地元の学校で教育的な不利益を被る恐れのある子どもたち**：ここには、例えば、地元の学校ではコア科目が受けられずに教育上不利益を被る恐れのあるケースなどが含まれる。単にエリート校に行きたいといった学校選択的な要求や、人種・階層的な面から地元の学校に通いたくないといったケースは認められていない。

最後に、（C）地理的以外の要素で孤立しているケースであるが、ここには⑪健康上の理由や障害により特定の機関で生活している子ども、⑫親の仕事上の理由から頻繁に引っ越ししている子ども、⑬別宅できょうだいとともに暮らしている児童生徒、⑭仕事上の理由から頻繁に夜勤を繰り返している片親世帯の子ども（ただし、当該規定が二〇〇六年以降削除されていることから、ＡＩＣの受給対象は、二〇〇五年以前から継続受給している児童生徒に限る）⑮引っ越しなどの状況変化に伴い孤立している・していない状況となったものの遡及または継続して通学の特権を求めているケースが含まれる。

以上、ＡＩＣの対象となる子どもたちについて見てきたが、これらの子どもを日本の文部科学省の不登校調査で把握される不登校要因と比較すると、以下の図一のようにまとめられる。

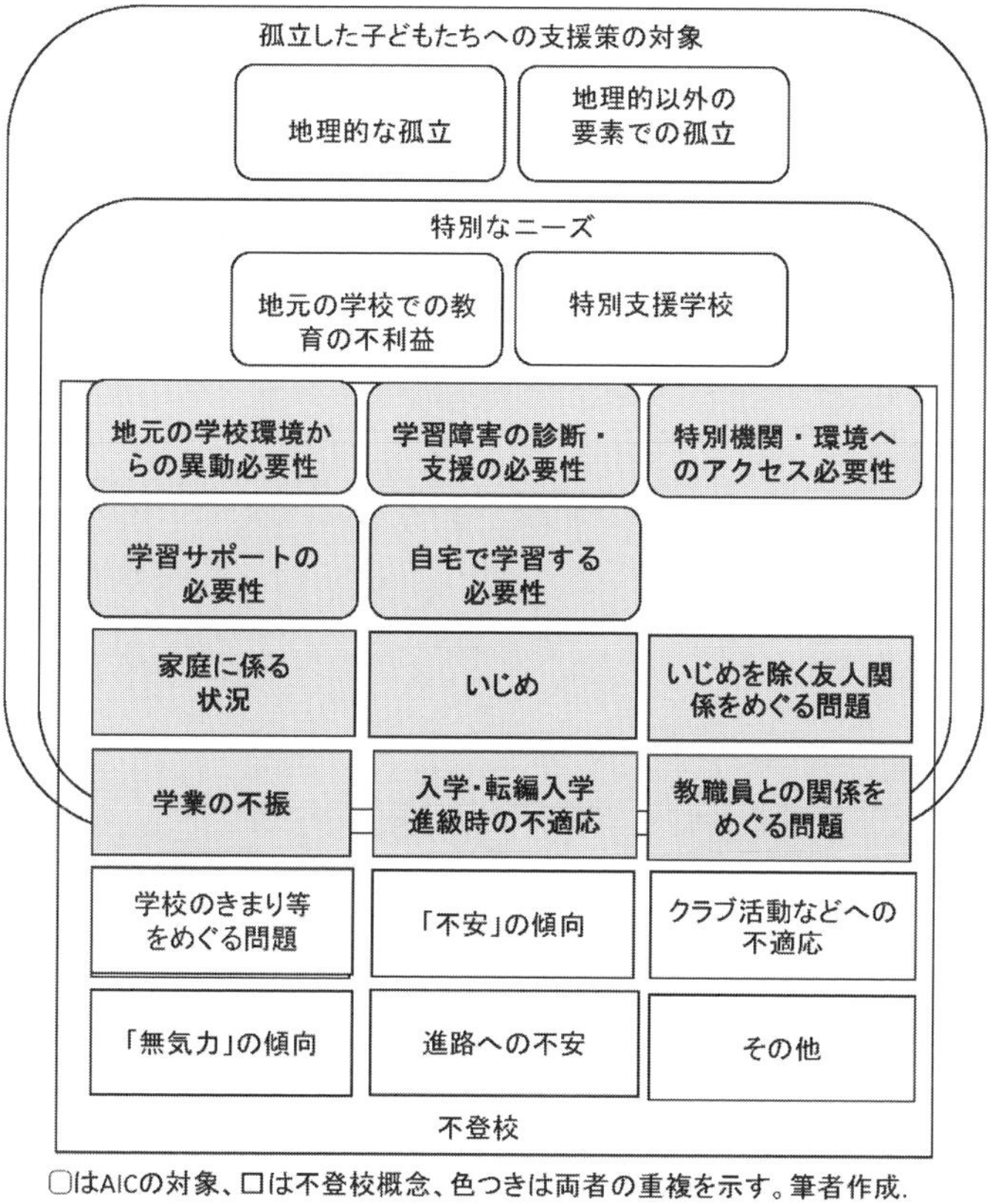

図１　ＡＩＣの対象と不登校の対応関係 (5)

日本の「不登校」は三十日以上の欠席者をあらわし、ＡＩＣの対象者は二十日以上の欠席者を対象としている点で若干の違いはある。それでも「学業の不振」の不登校に相当するＡＩＣの「⑧学習障害の診断・支援の必要性」「⑨学習サポートの必要性」や、「いじめ」や「いじめを除く友人関係をめぐる問題」「教職員との関係をめぐる問題」の不登校に相当する「⑦地元の学校環境からの異動必要性」など、重複する部分も多いことが見て取れよう。以上の点をふまえると、ＡＩＣは単なるへき地教育支援ではなく、不登校支援の要素も持った支援策だといえる。

支援の概要

それではＡＩＣはいかなる支援を提供しているのか。上記に述べた孤立した児童生徒の保護者は、子どもたちを教育するのに通常以上の支出を要しがちである。そこでＡＩＣでは各種手当を子どもたちの保護者に支給するかたちで、当事者の負担を軽減させ、教育機会の保障を図ろうとしている。

具体的な手当は以下の①〜⑤の通りである。

①**「基本寮費用手当（Basic Boarding Allowance）」**：保護者の所得に関係なく、特別なニーズや、孤立した状況に該当する、寮通いの生徒すべてに支給される手当である。

②**「追加寮費用手当（Additional Boarding Allowance）」**：本手当は、①の基本手当に加えて、所得テストの結果、低所得層に位置付けられた家族に対して、追加の手当を与えるものである。

③**「セカンドホーム手当（Second Home Allowance）」**：子どもを学校に通わせるために用意した二軒目の家の維持費に対して支払われる補助手当である。

④**「遠隔教育手当（Distance Education Allowance）」**：地理的に孤立した家族が、子どもに遠隔教育を受けさせるために必要となる費用に対して支払われる手当である。

⑤**「年金受給者用教育補助（Pensioner Education Supplement）」**：年金受給者のうち、障害者年金または片親手当

の受給者を対象に支給される手当である。ただし、その受給にあたっては、年金を受給する代わりに、基本寮費用手当、追加寮費用手当、セカンドホーム手当、遠隔教育手当を受給するか選択する方式となっている。

これらの手当を受給するうえではいくつかの制限があり、例えば受給年齢としては基本的に特別な理由がない限り、該当年の一月一日時点で十九歳未満の子どもまでとなっている。また、受給期間中は、刑務所や拘置所などに入っていないこと、オーストラリアに在住していることが条件となる。ただし、国内の学校に籍を置きながら一年以内の交換留学などで海外にいる場合や、一年以内に限り海外で国内の遠隔教育を受講している場合は受給対象となる。ここで特筆すべきなのは、②の追加手当以外は保護者の所得制限が敷かれておらず、本支援の対象となる者であれば基本的に支援が受けられる点である。加えて、ＡＩＣは各州が独自に行っている関連施策と別個に、独自に支給されるものとなっている。この点からは、孤立した状態または特別なニーズをもつ子どもたちに対して、広く開かれた制度となっているといえる。

三　クィーンズランド州政府の支援

ここではＡＩＣの特徴を把握すべく、州政府の関連する取り組みをもとに比較検討を行う。オーストラリアでは各州独自の方針のもと、それぞれ異なる支援を行っているが、本節ではオーストラリアのなかでも最も早い時期からへき地児童生徒の支援に取り組んできたクィーンズランド州政府の支援について見ておきたい(6)。クィーンズランド州政府によると、同州では州立校の児童生徒の約四分の一が、村落住まいまたは遠隔教育を受けている。

ＡＩＣに関連した支援としては、次の四種類がある。

①「自宅外通学手当制度（Living Away from Home Allowance Scheme, LAHAS）」：これは州立校および認定を受け

た非州立校に通う児童生徒を対象とした経済支援である。本制度は、子どもたちが自宅を遠く離れても学校に日常的に通えるようにするための経済的支援を意図している。具体的には四種類の手当に分かれ、非州立の寮制学校への教育費補助となる「遠隔地教育手当（Remote Area Tuition Allowance）」、休暇中の規制費用をまかなう「遠隔地旅費手当（Remote Area Travel Allowance）」、クィーンズランド・オーストラリア農業カレッジまたは州立校の寮費に払われる「遠隔地手当（Remote Area Allowance）」、障害のある子どもに支払われる追加手当「遠隔地障害補助（Remote Area Disability Supplement）」とがある。なお、これらの手当の受給資格にあたっては、地理的に孤立した状態であることに加え、病気または身内の不幸以外の理由で十日以上の連続した欠席がないことが明記されている。

②「クィーンズランド・アカデミー孤立児童生徒奨学金（Queensland Academies Isolated Students Bursary）」：本奨学金はクィーンズランド東南地域にある、大学に繋がる州立校「クィーンズランド・アカデミー」の計三校に通う生徒に対し、非課税かつ所得制限なしに受給資格が与えられる、経済支援のための奨学金である。ここでは、旅費補助、宿泊補助のための資金が提供されている。本奨学金の受給にあたっては居住地の制限に加え、出席良好であることが求められる。

③「遠隔教育（Distance Education）」プログラム：州内八カ所に遠隔教育校があり、さまざまな学習プログラムを提供している。同プログラムは立地的に学校に通うことが不可能な学生のために開かれているだけでなく、小さな中等教育校に通う児童生徒に対しても、カリキュラム数を増やすために提供されている。

⑤「村落・遠隔教育アクセスプログラム（Rural and Remote Education Access Program, RREAP）」：本プログラムは、地理的に孤立した児童生徒の教育がそれ以外の子どもたちと同じようになるよう、学校や教育委員会に対して行われるカリキュラム開発支援となっている。

クィーンズランド州政府が提供する支援策を前節のＡＩＣと比較してみた場合、両者の支援内容は経済的支援、教育プログラムの提供という点で共通している。他方で、両者は対象者において大きな違いがある。ＡＩＣは個々人のニーズが強調されるかたちで、支援対象者が決定されていた。これに対しクィーンズランド州政府の支援策では障害のある子どもは対象に含むものの、成績優秀者や素行面が重視される手当も少なくなく、この関連で不登校に相当する欠席の多い子どもたちは対象外となっている。以上をふまえると、類似した支援であっても、連邦政府のＡＩＣと、クィーンズランド州政府の支援とではその目的や支援の範囲は大きく異なっているといえる。

四　ＡＩＣに関連するへき地教育施策への批判と課題

二節と三節ではオーストラリアの連邦政府によるＡＩＣの概要と特徴を見てきたが、このＡＩＣとそれに関連するへき地・遠隔地教育に対する批判と課題も出されてきている。以下、へき地教育・遠隔教育施策に関する調査研究からの批判と、当事者の抱える課題について、ＡＩＣに関わる範囲でそれぞれみておきたい。

へき地教育に関する調査研究からの批判

へき地教育に対する主要な批判として、人権と機会の平等委員会（Human Rights and Equal Opportunity Commission）のもとで始動した村落・遠隔教育に関する国立調査団（National Inquiry into Rural and Remote Education）の調査報告書がある。そこでは、読解力の得点や第三段階教育への進学率は、村落部の子どもたちの方が都市部より低い値を示していることが明らかにされてきた。また、アルストンとケント（Alston and Kent, 2008）は、遠隔教育が近代家族に根強い性別役割分業観を前提として行われていたと批判している。彼らによると、遠隔教育で実際に子どもたちの教育支援にあたるチューターの役目を果たすのは母親であったものの、それが干ばつや長期にわたる農村部の再編のなかで、機能しなくなったという。そこでは、従業員の削減や収入を得るために働きに出なければならなくなった母親の増加とともに、農業従事者においては子どもの教育が難しくなっていることが明らかにされている(7)。

すでに国立調査団の二〇〇〇年の報告書で十二年生の留年率は都市部よりも村落部の生徒の方が高いことは明らか

になっていたが[8]、二〇一五年に出されたオーストラリアの教育機会に関するラムらの調査研究（Lamb, et.al., 2015）によると、近年でも都市部とへき地に住む若者とでは教育達成に大きな格差が生じていることが例証されている。例えば十二年生の課程を修了するか否かには、居住地変数が大きく関わっていることが検証されている。二〇一一年時点で十九歳を迎えた若者のうち十二年生を修了した割合は全国平均で七十四パーセントとなっているのに対し、遠隔地またはへき地に住む若者になるとそれぞれ五十六パーセントから四十三パーセントほどしか修了していない。

当事者の抱える課題

ＡＩＣの施策化に向けて積極的に働きかけてきた、全国レベルでの活動を行う「孤立した子どもたちの親の会（Isolated Children's Parents' Association）」からも、ＡＩＣの現行制度に対し、二〇一六年現在で以下のような点の改善に向けてロビイングがなされている[9]。親の会はロビイングを行うにあたって基本的に質問紙調査を実施し、その結果をもとに次のような主張を行っている。

①**早期教育を手頃に受けられるための支援の必要性**：現在、ＡＩＣは初等教育以前の教育支援については、準備教育の一年間のみが対象となっている。これに対し、親の会は公教育への円滑な移行を図るべく、就学前教育として四歳児からの支援を求めている。

②**遠隔教育のチューターに対する経済的支援**：ＡＩＣは教室環境の整備や教育方法の提供に関する費用の負担を担っているが、それらの教育を提供するチューターの確保や人件費の負担は個々の家族に負っている。これまで個々の家庭においては個別にチューターを雇うケースもあったが、もっぱら母親がチューターの役割を担ってきた経緯がある。ここでは、そうした負担を軽減させるためにも一年あたり六十万円の手当を要求している。

③**長期の干ばつ期における教育への経済支援**：親の会はもともと、干ばつの被害のなかで子どもたちを教育していこうとしたへき地の家族らが集うことで結成された経緯がある。そのため、一定の期間、経済的に厳しい状況にある家

庭の支援を求めている。

なお、親の会はＡＩＣに対して、二〇一六年半ばまでは前述した主張に加えて各種手当の増額を求めていたが、連邦政府が手当の増額を検討したことにより、その配分額についての提言を行うにとどまっている。

五　日本の教育への示唆

それではオーストラリアのＡＩＣおよびその課題をふまえた上で、日本の教育に対してどのような示唆が得られるであろうか。

まず、一点目として、連邦レベルのＡＩＣに見られる「特別なニーズ」を持つ子どもの概念には、日本の「不登校」概念に見られるスティグマの付与を回避する手立てを見出すことができる。今日的な日本の不登校をめぐる課題のひとつとして、不登校概念と登校概念が分離したものとしてとらえられてきた結果、スティグマを付与された当事者の生きづらさが課題として残ることが指摘されている(10)。他方で、特別なニーズという概念は、へき地の子ども、障害をもつ子ども、日本での「不登校」に相当する欠席の多い子どもなど、ありとあらゆる属性または状況下におかれた子どもたちが含まれる。ＡＩＣではこの概念を用いることで、個々人の抱えるニーズが重なる際に、属性や状況を超えて同一の支援を提供することを可能にしていた。ここには、不登校／登校群の子どもの間に強固に作られた概念上の分離が解消される可能性を見いだすことができよう。

次に、二点目として、ＡＩＣの支援策の内容と不登校の「教育機会確保法」で行われている施策とを比較した場合、後者の施策においては経済的支援が著しく欠如していることが見て取れる。両者の差異に大きな影響を与える要素として、ＡＩＣが日本の厚生労働省に相当する福祉サービス省の支援であることが挙げられる。日本の場合、歴史的な不登校の展開のなかで、旧厚生省や旧労働省の関与が弱まり、文部科学省（旧文部省）の管轄の問題へと一元化されていったという過程がある[11]。しかし、とりわけ昨今の子どもの貧困の深刻化する現状をとらえると、日本の「教育機会確保法」の実践においても、厚生労働省独自の支援を展開していく必要があろう。実際、適応指導教室の現場においては、近年片親世帯の子どもが増加するなかで、保護者の送り迎えやお弁当を持たせることが難しい家庭が増えてきているという声もたびたび指摘されている。これらの家庭を支援していくうえでは食費手当についても検討していく必要があるものの、少なくとも交通手段については教育「機会」の確保という点でも重要かつ喫緊の課題だといえよう。

また、三点目として、ＡＩＣと教育機会確保法の支援策を比較した場合、後者ではその支援策のバリエーションが少ないことが指摘できる。その背景には、前者の支援が個人主義的な「ニーズ」概念から支援を立ち上げているのに対し、後者では適応指導教室の設置や夜間中学の設置など、普通教育機会を集団に提供するという集団主義的な観点から支援を行っているという違いがある。ここで問題なのは、日本の実践では集団での教育を追求することによって、かえって、子どもの学ぶ権利が損なわれるリスクが高まっている点である。例えば、適応指導教室の現場においては、とりわけ小規模な自治体を中心にスタッフの人件費に多大な費用がかかり、そのなかで施設面での持続可能性が危ぶまれているケースも少なくない。教育機会確保法は、その制定過程のなかで主に適応指導教室と夜間中学による教育保障へと一元化されてきたが、もとは民間のフリースクールを中心とした多様な学びの保障を図るという動きのなかで立ち現れてきた経緯がある。以上の点をふまえると、子ども一人一人の教育をより保障するうえでも、いま一度、保障や持続可能性との観点で、改めて多様な学びという可能性にも視野を拡げる必要があろう。

最後に、四点目として、ＡＩＣおよび教育機会確保法の支援はともに、学ぶ意欲の低下した「脱落型不登校」や不登校のなかで「非行」状態にある子どもへの支援としては不十分である点が指摘できる。それは通学することを義務付ける諸規定に見られるように、自発的な学修意欲や登校意欲を求めるものであるからである。この点をふまえると、「教育機会確保法」の支援とは別個にこれらの子どもたちの支援を検討する必要があるといえる。

六　おわりに

本章ではオーストラリアの連邦レベルでの「孤立した子どもたちへの支援策」と、それに関連する州レベルでのへき地教育施策とを見ていくことにより、日本の教育への示唆を導き出すことを試みてきた。その結果、次の研究上の視座と示唆を得ることができた。

第一に、従来比較が困難だとされてきた日本の不登校研究に対し、オーストラリアとの比較に向けた視座を提供した点は大きいといえる。孤立した子どもたち、特別なニーズを持つ子どもという捉え方のもとで、日本の不登校とへき地教育に準ずる対象者を支援の対象としてきたオーストラリア連邦政府の支援の枠組みは、これまでの不登校問題の展開のもとでスティグマ化された「不登校」概念の問題を克服する一つの手立てを提供しうる点として重要だといえる。

これに加えて、第二に、「教育機会確保法」に基づいた支援の整備を図るうえで、教育機関へのアクセスに関する経済的支援を検討する必要があることも浮かび上がってきた。ＡＩＣの支援に対する批判からは、こうした手立てが不足することで、経済的に不利益な層の教育達成や教育機会が失われる危険性があるという示唆も得られた。これは経済的な中間層が減少し「子どもの貧困」が深刻化する近年の日本社会においても、重要な検討課題だといえよう。

他方で、本章では、国内で入手可能なデータに基づいて分析を行った関係から、ＡＩＣのような支援がいかなる背景のもと立ち現れてきたのかについて、オーストラリアの社会保障の歴史との関連で十分に検討することができなかった。ＡＩＣのもととなった法律「児童生徒の支援法」が定められたのは一九七三年であり、当時はまさに、それまでの福祉モデルであった「賃金稼得者モデル」の諸条件が崩壊していく時期であった。加藤雅俊の整理によると、「賃金稼得者モデル」は、「国内的保護の政治」に基づき形成された福祉モデルである。そこでは、関税障壁などの保護主義的な経済政策の利用、高賃金を波及させるための強制仲裁制度の利用など狭義の社会政策以外の手段により市民に社会的保護を提供することが可能となっていた。しかし、英国のＥＣ加盟により重要な貿易市場の喪失など経済面では国際・国内経済構造の変化により保護主義的政策の有効性が失われていった。また、仲裁制度を通じた賃金政策も高インフレなどの問題を生じさせ、それまでの限定的な社会政策の問題点が露わになっていった。ＡＩＣはこのような時期に定められた。その後、オーストラリアは、ホーク・キーティング労働政権およびハワード連立政権のもとで、国内的保護の政治に基づいた賃金稼得者モデルからの離脱を図っていった。また、とりわけハワード連立政権のもとでは、相互的義務として予算削減、規律やペナルティの強化、受給資格の厳格化というかたちで狭義のワークフェア化が図られ、更に貧困や社会的排除の諸原因に関して言説上では個人化されたうえでのモラルの問題としてとらえられるようになっていった(12)。今後は、これらの社会的変化もふまえながら、実際のＡＩＣがいかように変容していったかを丹念に追うことが重要な課題として残される。この点については稿を改めて論じたい。

また、本章では特別なニーズといった、個人主義的概念に基づいた支援を行うことによる帰結や派生的課題の析出についても十分に検討することができなかった。この点についても今後の課題として、現地調査などを通して明らかにしていきたい。

注

(1) 本山敬祐「日本におけるフリースクール・教育支援センター（適応指導教室）の設置状況」（『東北大学大学院教育学研究科研究年報』六十巻一号、二〇一一年、一五～三四頁。）

(2) 樋口くみ子「教育支援センター（適応指導教室）の『整備』政策をめぐる課題と展望」（『〈教育と社会〉研究』二十六号、二〇一六年A、二六～二八頁。）

(3) 笹森健「僻地に住む子どものための遠隔教育」（石附実・笹森健編『オーストラリア・ニュージーランドの教育』東信堂、二〇〇一年、六二～六九頁。）

(4) 本節は Australian Government Department of Social Services, *Assistance for Isolated Children Scheme Guidelines*, 2017. をもとに翻

訳執筆した。「ＡＩＣの対象となる子どもたち」については同書pp.19-39を参照した。また、「支援の概要」については同書pp.3-18及びpp.41-77を参照した。

(5) 不登校の要因については、文部科学省の平成二十七年度「児童生徒の問題行動等生徒指導上の諸問題に関する調査」の不登校調査の項目を用いた。

(6) 本節は、以下のクィーンズランド州政府のウェブサイトをもとに一部翻訳引用するかたちで執筆した。Queensland Government,（http://education.qld.gov.au/ruralandremote/index.html　最終閲覧日二〇一七年四月二十八日）.

(7) Alston, Margaret and Jenny Kent, "Educating for isolated children: Challenging gendered and structural assumptions", (*Australian Journal of Social Issues*, Vol.43 (3), 2008, pp.432-437.)

(8) Human Rights and Equal Opportunities Commission (HREOC), *Emerging Themes: National Inquiry into Rural and Remote Education*, 2000, p.8.

(9) 本項は、以下のＩＣＰＡのウェブサイトをもとに一部翻訳引用するかたちで執筆した。Isolated Children's Parents Association, (http://www.icpa.com.au/ 最終閲覧日二〇一七年五月八日).

(10) 樋口くみ子「不登校」（日本社会病理学会監修・髙原正興・矢島正見編著『関係性の社会病理』、学文社、二〇一六年B、二二六～二二八頁。）

(11) 前掲、「不登校」（前掲、『関係性の社会病理』、二二一～二二八頁。）

(12) 加藤雅俊『福祉国家再編の政治学的分析――オーストラリアを事例として』御茶の水書房、二〇一二年、二〇一～二五七頁。

参照文献

Alston, Margaret and Jenny Kent, "Educating for isolated children: Challenging gendered and structural assumptions", (*Australian Journal of Social Issues*, Vol.43 (3), 2008, pp.427-440.)

石附実・笹森健編『オーストラリア・ニュージーランドの教育』東信堂、二〇〇一年。

青木麻衣子・佐藤博志編著『新版オーストラリア・ニュージーランドの教育――グローバル社会を生き抜く力の育成に向けて』東信堂、二〇一四年。

樋口くみ子「教育支援センター（適応指導教室）の『整備』政策をめぐる課題と展望」（『〈教育と社会〉研究』二十六号、二〇一六年A、二三～三四頁。）

――「不登校」（日本社会病理学会監修・高原正興・矢島正見編著『関係性の社会病理』、学文社、二〇一六年B、一四～三二頁。）

Human Rights and Equal Opportunities Commission (HREOC), *Emerging Themes: National Inquiry into Rural and Remote Education*, 2000.

加藤雅俊『福祉国家再編の政治学的分析――オーストラリアを事例として』御茶の水書房、二〇一二年。

Lamb, Stephen, *et al.*, *Educational opportunity in Australia 2015: Who succeeds and who misses out*, 2015.

玉村公二彦・片岡美華著『オーストラリアにおける「学習困難」への教育的アプローチ』文理閣、二〇〇六年。

第3部
人間と生きがい
“人間システム(human system)”とサスティナビリティ

移民コミュニティのサステイナビリティ
――転換期にある在豪日本人社会を事例として――

長友　淳

一　はじめに

オーストラリア政府および州政府は、多文化主義導入以降、エスニック・グループの文化的多様性を保持する動きを支援してきた。各エスニック・グループが運営する学校や行事に対する資金援助に見られるような取組みは、アメリカなどのいわゆるメルティングポット的な放任型とは異なる新たな移民社会のモデルとなっている。塩原良和は、そのプロセスを「福祉多文化主義」と呼びながら、オーストラリアではエスニック・コミュニティ(1)の行政施策体系の中への制度化と、カテゴリーの本質化が進行してきた点を指摘している(2)。つまり、オーストラリアの中央および州政府が、エスニック組織に公的支援を行う一方で、それを受ける主体としての「〇〇系」というエスニック・グループのカテゴリーは、多文化主義の政治システムに組み込まれ、エスニック・グループのカテゴリー内の多様性や世代間乖離という問題は不可視的になり、コミュニティ内部の連帯が所与のものとして存在するかのような前提が本質化していく過程が存在してきた。

オーストラリアは現在進行形の移民社会であり、エスニック・グループの中には一～二世が中心の歴史的・世代的に年数の浅いものも多いが、そのエスニック・グループの歴史的時間軸と、「コミュニティ」の凝集性は、必ずしも比例しない。一般的に社会階層の低い労働者層の移民たちは、雇用機会を含む経済的・文化的な相互扶助の手段として、ベトナム系や他のアジア系の移民たちの多くがそうであったように、強固なエスニック・コミュニティを構築してきた。また、中間層が多くを占めている移民の間でも、コミュニティの凝集性はエスニック・グループによって異なる。例えば、日本人コミュニティのように、自らのアイデンティティのラベルとしては機能しつつも、エスニック・グループの構成員の間で、「コミュニティ」に対する意識が希薄なグループもあれば、韓国系コミュニティのように、それとは対照的なエスニック・グループもある。これらのコミュニティの凝集性の相違は、オーストラリアの多文化主義に内包されてきたエスニック・グループの制度化と本質化というマクロな流れの中において見落とされがちなエスニック・コミュニティのサスティナビリティの問題とも深い関連性を有すると言えよう。

以上の点を踏まえ、本章は在豪日本人社会を事例としながら、エスニック・コミュニティのサスティナビリティについて考察する。具体的な論点としては、エスニック・コミュニティの凝集性をめぐるダイナミズムに着目し、「エスニック・コミュニティ」が移住者たちにとって何を意味するのか、二世や三世が増加する状況の中で、「コミュニティ」のサスティナビリティは、いかなる展開を見せるのか？本章ではこれらの点について、筆者がシドニー（二〇一四年の三月から九月）にて行ったフィールドワークをもとに論じる。フィールドワークでは、参与観察および聞き取り調査からなる文化人類学的調査を実施した。参与観察では、はじめに大学の同窓会組織、現地の小学校や日本語学校および個人的つながりなどにおける複数の「ゲートキーパー」を介したスノーボールサンプリング(3)にて百二十人以上の日本人居住者と知り合った後に、半構造化インタビュー調査を十四人に対して行った。インタビュー調査は、移住プロセス（どのような過程で移住の意思決定を行ったか、滞在経験や旅行経験）、定住プロセス（どのように仕事や居住地域を決めたか）を聞いた上で、日本人コミュニティや日本人居住者との関わりについての聞き取りを行った。インタビュイー十四名（男性五人・女性九人）のうち、永住権保持者は十人、そのうち国際結婚によって永住権を得たのは女性二人であった。彼らの職業別内訳としては、永住者は専業主婦四人（うち二名は専門学校通学中）、金融業二人、ＩＴ技術者一人、調理師一人、芸術家一人、ホテル勤務一人であった。一方、長期滞在者は、金融業一人、学生二人、ワーキングホリデー一人であった(4)。

二　在豪日本人の概要

オーストラリア在住の日本人居住者数は、二〇一五年十月の時点で、約八万九千人で推移しており、海外在留邦人数としてはアメリカ（約四十二万人）、中国（約十三万人）に次ぐ人数となっており、内訳としては男性約三万二千七百人、女性五万六千四百人、永住権保持者五万千六百人、長期滞在者（三ヶ月以上滞在可能なビザの保有者）三万七千四百人である。シドニー周辺にはオーストラリアの日本人の約三十六パーセントが居住している(5)。

オーストラリアへの日本人移住者は、一九九〇年代初頭までは比較的裕福で年齢層も高い中間層が主流を占めていたが、一九九〇年代中期以降は、中間層に属しながらも若く貯蓄は比較的少ない移住者が中心を占めるようになった(6)。また、二十代の若者が、特に会社を退社した女性が留学やワーキングホリデーで渡豪し、結果的に国際結婚につながるケースも増加した。

これらの九〇年代中期以降の流れは今日も継続しているが、先行研究の多くは、彼らの移住の特徴として「ライフスタイル移住」（e.g. Benson 2009:13）、つまり経済的動機以外の要素が移住の意思決定に影響を与えている点を重視している。彼らは経済的成功を夢見ていないわけではないものの、彼らの多くにとって移住が自己実現や理想の人生あるいは日本の閉塞感からの脱出の「手段」となっている。これらの視点は、ミズカミ（Mizukami 2007）、サトウ（Sato 2001）、濱野（2014）、などの研究にも見られる。

筆者は、過去にクィーンズランド州にて行った調査をもとに、ライフスタイル移住に関連する要素が、移住後のエスニック組織への関わり方に影響する点を指摘した(7)。九〇年代の不況期に労働市場が流動化したことに加え、中間層のライフコースモデルが崩壊し、立身出世から自己実現への転換が生じ、「良い会社」に終身雇用制のもとに勤め上げるという価値観から、より自分らしい仕事や生き方を模索する志向と集団への滅私奉公的な働き方よりも個人の生活とのバランスを目指す個人化傾向が顕著になり、それが日本人会などのエスニック組織への心理的距離感に繋がる点を指摘した。本章は、同様の視点がシドニーの日本人社会にも見られるのかという点をも問題設定の一部としている。

三　シドニーにおける日本人組織の変容——駐在者から永住者中心へ——

シドニーでは日本人数が増加傾向にあるにもかかわらず、日本人会や商工会などのエスニック組織の求心力が低下するという矛盾に満ちた現象が起きている。経済的にエスニック・コミュニティに依存する必要性のない中間層移住者にとって、「コミュニティ」が存在意義の持たない存在に見える一方で、オーストラリアでは中国系や韓国系のように、中間層が人口の大半を占めるにもかかわらず強固なコミュニティを構築・維持しているエスニック・グループも存在する。各種ビジネスがエスニック・コミュニティ内で成立する程に地理的に居住人口やビジネスが集中した地域を構築し、政治的リーダーをも輩出するレベルで、エスニック・グループとしての連帯を生む仕組みと推進力がそこには存在している。しかし、シドニーの日本人社会では、約三万人という人口規模にもかかわらず、他のアジア系移民のようなレベルでのエスニックな連帯やエスニック・グループとしての長期的発展を見越した戦略的な動きは見られない。以下にはこの現象についてフィールドワークをもとに日本人会・日本語補習校・同窓会などの従来から存在するエスニック組織が経験している変化を考察する。

シドニーに存在する主なエスニック組織としては、ＪＳＳ（Japanese Society of Sydney）、商工会、ＪＣＳ（Japan Club of Sydney）、大学同窓会組織などがある。ＪＳＳと商工会はビジネスを主眼とした組織であり、日系企業の駐在員が中心となって運営されてきた。ＪＳＳは日本の文部科学省のカリキュラムに基づく「土曜日本語補習校」を運営している一方、ＪＣＳは永住者・国際結婚の日本人が中心の組織であり、ＪＳＳの学校よりも学習上の難易度を下げ日本語や日本文化の継承にやや重点を置いた週末の日本語補習校を二校運営している。上記以外には、永住・国際結婚者の子弟を対象としたボランティア運営の日本語学校がキラニーハイツとホーンズビーで運営されている他、各大学の同窓会組織や県人会などが平均月一回夕食会を開いている。

日本人数の人口規模の大きいシドニーにおいては、これらのエスニック組織の弱体化は、組織の「消滅」を意味するものではなく、その内部の形質変化や組織自体の求心力の低下とも言うべき様相を呈している。エスニック組織には日本人会や商工会、大学の同窓会、週末の日本語学校など、様々な組織が存在するが、これらのいずれも変化を経験していた。これらの組織では日本人子弟の学校組織以外は、その会員数を大幅に減らしていた。たとえば関西学院大学同窓会「弦月会」は、約三十人から十人に減少し、フォーマルな形からコーヒー会へ変更している。一方、慶應義塾大学同窓会「三田会」は毎月の参加者数自体は平均十五人と変わっていないものの、駐在員の若年齢化に伴い、会に参加する世代の広がりも生まれている。

会員数の減少を経験したエスニック組織における聞き取り調査の中で、組織の変化の要因として最も多く挙げられたのは、現地日本人社会の「構成員の変化」であった。駐在員・ビジネスマン主体だった現地日本人社会は、九〇年代以降の永住者増加および国際結婚の増加および二〇〇〇年代の駐在員の減少によって、永住者（国際結婚含む）主体に転換した。例を挙げると、実際に参与観察を行った地域は、シドニーで最も多く駐在員が住む地域にも関わらず、永住者の方が割合として多かった。その地区の公立小学校には平均二クラスに一人の日本人もしくは日本人を親に持つ子弟がいたが、永住日本人の子弟、国際結婚の子弟、駐在員の子弟を大まかな割合で示すと五：四：一であり、この割合は近隣の小学校では平均二：七：一であった。

現地では、以上のようなエスニック組織の求心力低下の理由について、駐在員数の減少に求める事が一般的になっているが、その一方で日本人居住者数自体は増加しているため、エスニック組織が弱体化している点は、なお矛盾が残る。この点についてフィールドワークを通して、要因としては駐在員の減少よりもむしろ、現在の日本人コミュニティの大半を占めている三十〜四十歳代の永住者・国際結婚者の世代的傾向としての個人主義の反映やライフスタイル移住者としての経済的動機の相対的低さや日本の企業社会のイメージを指摘することができる。次に示すインタビューデータはこの点を示す典型的な語りである。

(日本人会のイメージは)こわい、変な人、仕切っているオバサンいそうだし、ビジネスの人が多くて、その奥様たちが会社の看板を威張ってそう。(三十代女性・永住)

全然入っていない。入る必要がないし。(日本人会は)ただ、あるだけ。一部の人が運営しているっていうイメージじゃん。ＪＣＳの学校の人は(子供を入学させるためにＪＣＳに)入らないといけないから入るけど、みんな役職も義務的。ほら、日本の小学校の役員と同じ。(四十代男性・永住)

彼らにとって日本人会などのエスニック組織は、日本の企業社会を連想させるタテ社会的イメージで捉えられており、個人主義的傾向を持つ世代にとって敬遠すべき対象となっている。彼らの多くは日本での就業経験があり、留学やワーキングホリデー、海外旅行などの経験を通してオーストラリアへの移住を計画し、会社を退社して移住している者が今回のインタビュイーの八割を占めていた。彼らにとって日本の企業社会は「逃れた」場であり、日本人会などのメンバーシップや役割を伴う場に属することは、移住という人生の方向性から逆行することを意味するのである。

このように、エスニック組織に距離を置く風潮は日本人居住者の間で広く見られるが、エスニック組織の他にも、企業社会的あるいはタテ社会的風潮を伴う「場」は避けられる傾向にある。次に示す日本食レストラン勤務の永住者男性(四十代)の語りは、この点を示す典型的な例である。彼は同業種の人間関係からあえて距離を置いている点を次のように話している。

職業柄、そういうの(同業種の交流会)あるんだけどさ、レストランだから。でも俺そういうの避けているんだよね。フェイスブック(facebook)も仕事つながりの人とはやっていないし。もちろんお互い仲良くはしてるんだよ。でも休みの日は休みたいじゃん。（業界が休みの）月曜に（中略）ゴルフあるんだけどさ、それも行っていないし。だってさ、休みの日に、仕事つながりのゴルフとかねえ、なんか嫌じゃん。

彼がフェイスブック上での交流をプライベートな繋がりのみに留める点や、休日に仕事関連のメンバーでゴルフに行くことに抵抗を感じている点は、日本の企業社会の集団主義的慣習や雰囲気に対して違和感を持つ傾向の強い今日の日本人中間層の個人主義的傾向(8)を顕著に反映していると言えよう。以上のようなエスニック組織やその慣習に抵抗感を示す語りは、フィールドワークを通して二十~四十歳代の日本人居住者の間で広く見られた。

日本人居住者の個人化傾向と彼らのエスニック組織への距離感のつながりは、「エスニック・コミュニティ」の概念や形態にも、間接的に影響を与えている。インタビューの中で筆者は「日本人コミュニティとはどのようなものだと思いますか」とあえて抽象的な質問を行ったが、その際の回答の約三割は「友達つながり」、「日本人の仲間」、「子育て」等のように「自らの個人的ネットワーク」としてそれを捉えていた。一方で、約七割は「日本人会」や「日本語学校」などのいわゆる従来の駐在・ビジネス組が構築したエスニック組織について言及した。これらの点が示すように、現地在住の日本人にとって、「コミュニティ」の概念は曖昧である。彼らの間では、他のアジア系エスニック・グループのように長期的な視野でエスニック・グループとしての団結や発言力向上を目指す動きは限定的であり、近年ようやくニッケイ・オーストラリア（Nikkei Australia）と呼ばれる団体が発足したばかりである。その発足メンバーの一人は次のように話している。

こっちの日本人って、まだ来て年数が浅いせいもあるけど、全然コミュニティとしてのまとまりがないのよね。でも一方で、二世がどんどん生まれて、（オーストラリアの）サッカーの代表（選手）に日系人が入るくらいでしょ…でも彼らは自分のルーツとか文化を大事にしたいし、言語もね。日本人社会からニッケイとしてのコミュニティにそろそろ移るころなんだろうけど、その受け皿みたいなものがない。

彼女が「日本人社会」から「ニッケイとしてのコミュニティ」への移行期にありながら、その受け皿がないと語るように、現在、現地在住の日本人にとって組織面での中心は、従来の駐在・ビジネス組が構築してきた日本人会などの組織である。しかし、これらの組織がエスニック・コミュニティとしての求心力を失い、二世の増加というコミュニティの現実に対して、組織が追いついていないのが現状と言えよう。

フィールドワークでは、これらのエスニック組織と日本人居住者の乖離について、内在的要因としての個人化傾向が大きく影響を与えている点を示す語りが多く聞かれた。例えば、前述の日本食レストラン勤務の四十歳代男性は、日本人コミュニティの印象を語る中で次のように話している。

こっちの日本人コミュニティって、まとまっているようで実はバラバラなんだよね。この前も震災のチャリティーで、日本食レストランが結構集まって一緒に（屋台を）出して収益を寄付、なんてイベントをやったんだけど、その時も、みんなイベントとして来ているんだよね。本当の、持続的な意味での寄付とか支援とか、みんな考えていない…チャイニーズとかコリアンとかすごいんだって…たとえばマーケットでこの魚が足りんとかそういう状況あるじゃん、その時に船をぼーんとみんなでチャーターして、どーんと仕入れてくるわけ。それとか、新しい店を開くっていう時も、みんなでお金出してあげて、助けるわけ。

日本人コミュニティにとって、エスニック組織は、心理的中心としては機能しておらず、日本人居住者の多くは距離感を感じている。今日の日本人社会は、一般的に語られてきた日本人の集団主義性とは対極の、個人主義的傾向が顕著に反映され、他のアジア系移民のようにエスニック・コミュニティとしての政治的団結力や組織化の推進力を有していない点を表している。九〇年代以降の永住者・国際結婚者の増加および二〇〇〇年代の駐在員の減少によって、日本人コミュニティの主要構成員は、永住・国際結婚者に転換した。彼らの大半はいわゆる「ライフスタイル移住者」

の範疇に分類される移住者である。彼らの移住の動機は、自分らしい生き方や自己実現、子供の教育、海外志向、ワーク・ライフ・バランス、生活環境など、様々な要素が関連しているが、過去の日本人移住者あるいは現代の他のアジア系中間層移住者と比較して、「経済的動機」の比重が相対的に低い。この経済的要素の低さは、ライフスタイル移住者の割合が増加した今日のコミュニティの凝集性の低下につながっていると捉えられ、コミュニティの人口増加に矛盾する現象として、日本人会などのエスニック組織の求心力低下が生じたと考えられる。

エスニック・コミュニティを「コミュニティ」として構成させている要素として、移民研究においては伝統的に「経済的要素」と「文化的要素」が重視され、前者は経済的困難や仕事や生活に関する情報の限定を乗り切るための相互依存関係の構築、後者は文化的価値観や言語を共有する仲間意識の連帯を意味していた(9)。しかし、調査地の日本人は大半が経済的に相互依存を必要としない中間層に属し、経済的に集団としてのコミュニティに依存することはない。この点は上記のコミュニティの二つの構築要因のうち、経済的相互扶助の部分に依存しないことを意味する。現地でビジネスを興している居住者や、現地の日本企業に勤める居住者たちの多くは、現地の日本人ビジネス社会の規模が縮小したために、現地化しないと生き残ることができず、ビジネスの対象をローカル住民に転換させているほどである。一方、エスニック・コミュニティの構成要素のもう一つの要素である文化的要素に関しては、子供の言語や文化の継承やアイデンティティ、また親世代の交流など、様々なニーズが存在し、これらの自主参加型のネットワークはリゾーム状に構築されている。次の節では、この点について考察する。

四 「日本人コミュニティ」の現在——自主参加型のネットワークの総体としてのコミュニティ——

日本人居住者が感じているエスニック組織への距離感やその背景としての個人主義的傾向、また移住の動機に関して相対的に低い経済的要素によって、調査地における日本人コミュニティは一見衰退しているかに見えるが、フィールドワークを通して自主参加型・草の根型のネットワークが重層的に存在している様相が観察された。日本人居住者たちは、組織型の日本人会などのエスニック組織には一定の距離を置きつつも、自主参加型・草の根型のネットワークには、必要性を感じる場合に参加する傾向にある。断片的なネットワークの中でも、ハブとしての位置付けにあり、広く参加者を集めているものとして、「マザーズグループ」や「プレイグループ」などの日本人育児グループ、子供が通う学校や週末の日本語学校、教会や永住権取得者むけの英会話学校、自主参加型の各種グループ（県人会、同窓会、スポーツ会）の四点が主要なものとして挙げられる。

第一に、マザーズグループおよびプレイグループなどの日本人育児グループは、調査地の子育て世代の日本人ネットワークの中でも最も一般的なハブとして機能している。この三十～四十代の子育て世代の層は、フィールドワークを行った地域の日本人の約六割を占め、彼らの約半数が国際結婚、残りは夫婦共に日本人の永住組である。彼らの多くは移住前に日本での職務経験があり、留学やワーキングホリデーでオーストラリアに滞在経験がきっかけとなって、国際結婚や移住につながっているケースが多い。マザーズグループは乳幼児を持つ母親と子供がクローズネスト地区コミュニティセンターにて週一回、プレイグループはウィロビー地区の教会を借りて週二回実施している。これらの育児プレイグループは、就学前の時期に継続的に子育ての悩みや海外生活を過ごす上での衣食住に関する相談など、様々なプライベートな相談や情報交換を行う場となっているほか、日本語で話し、友達を作る場として、日本人女性たちにとって欠く事のできない場となっている。同年代の子供がいるため、家族ぐるみの付き合いに発展しているケースが多く、筆者がフィールドワークを行った地区の小学校では、この育児グループを通して親交を深めた家族が子供の送迎や土日や放課後に遊ばせる役割を交代で担うなど、綿密な交流が行われていた。

第二に、子供が通う学校や週末の日本語学校も育児グループ同様に、日本人居住者のネットワークのハブとなっている。フィールドワークを行った地域は、シドニーにおいて日本人が最も多く居住する地域であり、地域内の各小学校には平均二クラスに一人の日本人あるいは国際結婚の日本人の子弟がいた。その地区の公立小学校では日本人保護者の関係が深く、放課後の子供の世話などを協力しあっていたほか、週末にバーベキューやみかん狩りなどを楽しむなど、子育てを通した交流が多かった。しかし、過度に日本人どうしで固まりすぎることはなく、子供が教室から出てくるのを待つ際にも保護者の多くはオーストラリア人の父兄とも談笑していた。また、週末のバーベキューなどを行う際も仲がよい家庭のみに声をかけ、学校全体の日本人父兄の連携という規模には発展していなかった。また、週末の日本語学校もネットワーキングのハブとなっており、子供同士あるいは親同士が交流を深め、それをきっかけに家族ぐるみの関係に発展しているケースが多かった。週末の日本語学校は、フィールドワークを行ったシドニー北部には、ＪＳＳ系一校と、永住者ボランティア運営する学校二校の合計三校あるが、いずれの学校も運営に保護者が携わり、授業時間前後のベルを手に持って鳴らす係から事務の受付あるいは学内バザーなどの行事まで、様々な役職を保護者が担当する中で親交を深めるケースが見られた。

第三に、永住権取得者むけの英会話学校や教会で開かれる英会話教室もまた日本人移住者のネットワークのハブとなっている。オーストラリアでは技術移住や国際結婚によって永住権を取得すると半年間無料で国営の英会話コースに通うことができる。また、移民や外国人居住者に対する英会話教室をお茶代実費のみで開講している教会もあり、調査地では前述のＪＳＳ系日本語補習校の近所の教会が、土曜の午前九時半から英会話教室を開催し、毎回五〜十人の日本人が参加していた。これらの英会話教室に参加する日本人たちは、立場や世代が互いに近く、子育てや生活上の情報交換や悩みの相談など、共通する話題がきっかけとなって個人的交流に発展していた。

第四に、同窓会や県人会など比較的開かれた自主参加型の場を挙げることができる。関西の私立大学の同窓会長は、会の形態をメンバーシップを伴う形から月一回カフェでコーヒーを飲む形に変えると共に、フェイスブックを活用することで若者の参加者を増やすことができた点を振り返りながら、会に参加する若者について次のように印象を述べている。

> 同窓会とは言っても、駐在は若い人ばかりになって、メインは永住組なんです。それに最近の若い人って、縛られるのとか、いかにも同窓会、というのは嫌がりますよね。だからメンバーも減ってきたことだし、もっと留学中の現役大学生も来やすいようにと、今の形に変えたんです。

現地に滞在しているワーキングホリデーや語学留学生とインフォーマルインタビューを行う中で、「せっかく海外に来たのだから」、「わざわざ日本人とべったりになる必要がない」、「せっかく英語を勉強しにきたのだから」という語りが頻繁に見られた。しかし、フィールドワークを通して顕著に見られた傾向は、日本人あるいは日本語の環境に「海外」で浸りたくないという気持ちを持つ一方で、彼らの多くは、自らが必要とするネットワークや情報としては、現地在住の日本人とのつながりを「拘束されない程度に持つ」という点である。同窓会、県人会、スポーツクラブなど、現在の日本人のネットワークは、メンバーシップを厳格に規定した組織で運営しているものは少ない。定期的に開催されるイベントは自由参加であり、彼らは無料日本語新聞やフェイスブック等で情報を得て、自由にこれらの自主参加型のネットワークに参加するのである。

ポルテスとランバート (Portes & Rumbaut, 1990) は、労働移民、専門家移民、企業家移民、難民などの四つの移民の類型とその特徴を示す中で、中間層である専門家移民が経済的安定性および個人主義的傾向を示すためコミュニティ形成を志向しない点に言及している。今日のオーストラリアの永住者は、同国の永住権取得時のポイント制度を通過して移住しているため、一定以上の語学力や職務経験を有し、経済的にも中間層に属する。一部の国際結婚の女性は社会階層上の下方移動に苦しんでいるものの、彼女たちの半数以上は語学力を比較的短時間に身に着け、仕事に就いている。また、ワーキングホリデーや留学、国際結婚、独立技術移住、いずれのカテゴリーにおいても、在豪日本人の多くはいわゆるライフスタイル移住者の範疇に含まれ、移動・移住の動機に占める経済的要素が相対的に低い。これらの点は、日本人中間層が、コミュニティ形成を志向せずに、断片化された自主参加型のネットワークに参加する点は、このポルテスらの指摘とも関連すると言えよう。

従来、シドニーの日本人社会で主流を占めていた組織型のコミュニティは、ビジネスマンやその家族を主体とした男性中心の組織型だったが、今日の日本人居住者の間では、むしろ目的ごとに断片化されたネットワークの方が関わる比重が高まっている。この傾向は、今日の在豪日本人社会の中核を占めている子育て世代の女性に顕著に見られる。

彼女達は上に述べた数々のネットワークの場において育児グループや学校などで、いわゆる「ママ友」になり、子供を遊ばせたり週末に家族どうしで交流したりするうちに、互いの関係性が強くなっていく。以下の国際結婚後に移住した四十代女性の語りは、子育て世代のネットワーキングについて筆者が訊ねた際に頻繁に耳にした典型的な語りである。

（育児グループに参加した理由は）やっぱり子供かな。子供の言葉と、あと、うちの子供って「自分は日本人？」って聞いてくるのよね。周りの仲良くしているのはハーフの人と日本人の子供だから。言葉も日本語でしょ。だから、仲間としても、気持ち、何というか、アイデンティティ（を保つ場）として、そういう場所はあると思う。

育児グループや英会話教室はメンバーシップによって拘束されるものではなく、場所と時間が決まっており、それに参加したい日本人だけが参加する形である。このように、開かれた場としての自主参加型のハブは、日本人居住者にとって「居心地のよい場」であり、「ママ友」との交流や情報交換、あるいは子供の言語や文化継承など、様々な目的に応じて参加する場となっている。この開かれたハブの利点について国際結婚の四十代女性は次のように述べている。

日本人だから集まるんじゃなくて、仲良くしたい人が集まった結果としての仲間。それが日本人という感じかなあ。お互いお茶したり、子供を預かったりして仲は良いんだけど、ベタベタしない程度に付き合う、助け合う、っていうのが、今の形かなあ。木曜に子供を遊ばせる時も、子供だけお願いして（自分は）行かないし、お互いそれで助け合ってるって感じ。

上記の語りは、子育て世代の日本人居住者が、日本人ネットワークを語る際に、典型的に見られる語りである。「ベタベタしない程度に、付き合う、助け合う」と彼女が述べる点は、この世代の個人主義的傾向を反映しているとも言えよう。また、ママ友のネットワークについて、子供の言語やアイデンティティ、および自身が日本語を話すことで得られる精神的安定などは、フィールドワークを通して同世代の日本人居住者の語りでは頻繁に耳にした。子育てや海外生活において、母親の精神的安定や子供の日本語やアイデンティティを保つうえで、同じ境遇の同じ言語を話す日本人の母親同士は「共感できる存在」である。これらの「文化的要素」を重視しつつも、彼女たちは従来型のエスニック組織に依存することなく、共感できる人間のつながりとしてエスニックな連帯を構築している。

しかしながら一方で、以上に示した各種のネットワークは、「合わない人」との距離感を増幅させる作用も有し、結果として日本人社会内部の断片化にもつながっている側面もある。居住者の間では、駐在・ビジネス組と永住・国際結婚組の間で、微妙な心理的距離感が存在し、それが日本人コミュニティの内部分断や、エスニック組織自体の変化にも影響を与えている。この分断は、参与観察を行った育児グループにも見られた。以下のインタビューデータは育児グループに参加している母親たちの間で見られた典型的な語りである。

ここのプレイグループって火曜が駐在、金曜は国際結婚・永住、きれいに分かれているのよね。永住の人（にとって）は、駐在の人は「来て、帰ってしまう存在」なのよね。子供にとってもつらいことで、せっかく仲良くなったのに帰っちゃうって。それから、やっぱり駐在の奥さんって夫の仕事で来ているから英語もできなくて海外にも慣れてなくて、どうしましょうって感じの人多くて…一方の永住とか国際結婚は、同じ者どうしで、同じ苦労、同じ意味で共感できる人…だからお互いが嫌でっていうよりもお互いが共感できる人が、それぞれ集まっているっていう…（四十代女性・国際結婚）

この語りが示すように、日本人社会内部の永住・国際結婚組と、駐在組の分断は、インタビューでは「苦労している種類が違う」、「必要とする情報が違う」、「共感できるポイントが違う」などの語りで示されることが多かった。また、「駐在は帰ってしまう存在」、「子供どうしが仲良くなったら逆にかわいそう」などの語りも顕著に見られた。筆者自身、滞在中百二十人以上の日本人と知り合う機会を得たが、在住日本人の間では初対面の際に必ず「駐在ですか」や「滞在はお仕事ですか」等のフレーズが会話の中で交わされた。これらの互いの社会的状況やそれに伴う感情の複雑な相互作用は、日本人居住者のネットワークに結果的な内部分断を生んでいる。

現地の日本人は、子育てや日常生活を営む中で「日本」や日本語および日本文化を意識するようになるとともに、子育てや自身の仲間として日本人のネットワークを必要とする。言い換えれば、いわゆるエスニック・コミュニティの構成要素としての「文化的要素」を必要とする。しかしその一方で、日本のタテ社会的風潮や拘束性を伴う組織内での人間関係には違和感を覚え、そのイメージを伴う従来型のエスニック組織からは距離を置く。その結果として、自主参加型の場に集まる傾向が強く見られ、これらのネットワークとハブは網の目のように調査地に存在している。またその一方で、自主参加型ネットワークは個人主義に適合するものであるがゆえに、駐在・ビジネス組と永住・国際結婚組をめぐるコミュニティ内部の分断をも生んでいるのである。

五　エスニック・コミュニティのサスティナビリティ

上記に示した調査地におけるネットワークは、個人化・情報化・トランスナショナリズム時代における中間層のエスニック・コミュニティの一つのモデルとして見ることができる。調査地においてはエスニック組織の凝集性が低下しているために、一見コミュニティ自体が衰退しつつあるかに見えるが、実際はリゾーム状に広がった自主参加型のネットワークの総体こそが、コミュニティとして再定義できるのではないかと考えられる。伝統的な社会的ネットワーク研究において、グラノヴェター（Granovetter 1973）は、コミュニティを紐帯のネットワークという視点から捉え、局所的な現象としての凝集的な集団や断片的な弱い紐帯のネットワークが存在し、それらが「局所ブリッジ」によってつながり、それらの総体を巨視的レベルから俯瞰した場合に初めてコミュニティを捉えられると指摘する。一見、断片化されているように見える日本人コミュニティにおいて、メンバーシップを伴う組織や団体などの「強い紐帯」は、日本社会のタテ社会的拘束性と距離を置く傾向、またインターネットによる情報収集の容易さなどによって依存の度合いが下がった。その一方で、子育て世代のネットワークに見られるように個人レベルにおいて「弱い紐帯」の重要性が増していると言えよう。

これらの傾向をサスティナビリティの観点から捉えると、以下の点が指摘される。

第一に、「弱い紐帯」の総体としてのコミュニティにおける局所ブリッジ的役割の重要性である。オーストラリアの福祉多文化主義の流れは、各エスニック・グループのカテゴリーの本質化、つまり、あたかも一枚岩のコミュニティが存在するかのような前提をもとに行われ、エスニック・スクールの補助のように、それは、フォーマルで組織力を伴う「強い紐帯」の側への支援に偏ってきたと言わざるを得ない。しかし、日本人コミュニティのように、個人レベルの弱い紐帯の総体としてのコミュニティの場合、公的支援や福祉との橋渡しを行う局所ブリッジ的な個人の存在に頼ることとなる。それは、長期的な移民コミュニティのサスティナビリティの観点からは、安定的とは言い難いのが現状であろう。九〇年代初頭に独立技術移住ビザやリタイアメントビザで移住した世代の老いの問題、今日の国際結婚の増加に伴う離婚やシングルマザーの増加の問題など、物理的・心理的支援を必要とする日本人は増加している。これらの状況下において、強い紐帯に偏りがちな支援を、いかに必要としている主体に結びつけるのかというブリッジの存在は今後重要になるであろう。

第二に、日本人コミュニティというカテゴリーのサスティナビリティをめぐる問題、とりわけ「誰が包摂され、誰が排除されるのか」という問題が挙げられる。本章で示した事例は、日本人コミュニティが駐在員中心の組織型から永住者中心のネットワーク型への転換を示した。永住者が構築する断片的なネットワークは、「ママ友」に見られるように二世の子育て中の日本語話者を中心としたものである。オーストラリアの他のエスニック・コミュニティの多くにおいて、宗教や宗教施設がコミュニティのハブとして機能しているのに対し、日本人コミュニティの場合、学校がその機能を果たしていると言えよう。日本人あるいはジャパニーズというカテゴリーは、一世にとっては自らが育った文化的基盤として、あるいは、トランスナショナルな帰属意識、あるいは将来的に戻るかもしれない場所としての、コンパスの軸の一つである。また、二世にとっては、ルーツの一つであり、日本語補習校や日本学校に通ったため、アイデンティティの構成要素の一つである。そして、今後、二世が子育てを行う時代に入った際にジャパニーズあるいはニッケイというカテゴリーが、持続するのかという問題がある。日本学校に通った者とそうでない者、日本語を理解する者とそうでない者、さまざまな境界が生じ、その境界をめぐる包摂と排除の作用がミクロレベルで生じる可能性が高いと言えよう。

第三に、エスニック・コミュニティのサステイナビリティを検討する際の「コミュニティの動態性を前提としたサステイナビリティ」を考慮する重要性である。スチュワート・ホール（Hall 1990）がディアスポラ・アイデンティティを論じる中で、文化の「動態性」に着目することを主張するように、エスニック・コミュニティは所与の固定的存在として見るのではなく、動態性に満ちたものとして捉える必要がある。本章が示したエスニック・コミュニティが組織型からネットワーク型に転換しつつある状況や、日本人コミュニティの境界性が揺らぐという事例は、「コミュニティ」という社会的領域が、流動的に捉えられるべき点を示している。個人とエスニック・コミュニティの関係性が選択性に満ち、流動的であるのと同様に、個人がアイデンティティの帰属を感じたり、文化や言語を学んだりする場であるエスニック・コミュニティ自体も、常に変化のプロセスの渦中にある。

エスニック・コミュニティは、ビジネス面での相互依存性が低い日本人コミュニティの場合、アイデンティティや言語などの文化的側面や帰属観念が、深く関連する概念と言えよう。オーストラリアにおいて九〇年代以降「多文化」や「エスニック」という用語が連邦政府の公定言説から消滅し、日本人やニッケイというカテゴリーは、シチズンシップや社会的結合の概念が強調されるようになったとしても(10)、今後も在豪日本人の個人レベルの帰属性の軸としては存在し続けるであろう。しかし、その帰属性の軸は本質的で固定的なものではなく、構築的で流動的なものとして捉えていくことが重要である。

六　結論

本章では、シドニーの日本人コミュニティの変化と現状について、筆者が行ったフィールドワークをもとに考察した。個人主義的傾向を持ち、経済的動機以外の理由を主眼として移住した中間層移住者は、従来の駐在・ビジネス組が構築したエスニック組織には距離を置く傾向が見られ、自主参加型のネットワークや、メンバーシップや役割の拘束性のない自由参加型の場が、社会的ネットワークのハブとなっていた。本章では、この例として育児グループ・週末の日本語学校・各種学校や英会話教室、および同窓会や県人会などのオープンな場が、ネットワークのハブとなっている点を指摘した。また、これらの自主参加型ネットワークは、一方で現地日本人社会内部の駐在・ビジネス組と永住・国際結婚組の分断にも繋がっている様相も示した。これらの日本人コミュニティの脱組織化や断片化の流れの中で、コミュニティが自主参加型のネットワークの総体として捉えられる点を指摘した。今日、調査地の日本人社会では二世が増加し、言語やアイデンティティの問題が表面化してきている。このような状況の中で、現地の日本人コミュニティは、日本人会などの従来の駐在・ビジネス組の社会資本の蓄積としてのエスニック組織自体の位置付けの転換期にある。今後、断片化されたネットワーク間を媒介する存在や、世代間を超えたニッケイとしての枠組みや組織化の拡大が、コミュニティの長期的なサスティナビリティを考慮すると重要になっていくと思われる。本章が示したコミュニティをめぐる移住者の心理的距離感の問題や、ネットワークの総体としてのコミュニティ概念は、いずれも動態性を帯びた存在としてエスニック・コミュニティを捉える重要性を示していると言えよう。その意味で本章が、今後の移民コミュニティのサスティナビリティを検討する上で参考になれば幸いである。

注

(1)「コミュニティ」をめぐる用語法に関しては、社会学分野ではマッキーヴァーのアソシエーションとの区別の議論などがあるものの、本章においてはオーストラリア社会において一般的用法として用いられている用法の意味でコミュニティやエスニック・コミュニティという用語を使用している。

(2)塩原良和『変革する多文化主義へ』法政大学出版局、二〇一〇年、六五～六七頁。

(3)スノーボール・サンプリングとは、被調査者に知り合いを紹介してもらう形を重ねていく一種のランダム・サンプリングであり、ゲートキーパーは、その起点となり、研究者と被調査者を媒介する存在である。詳細は、Biernacki, P., and D. Waldorf. "Snowball Sampling: Problem and Techniques of Chain Referral Sampling", (*Sociological Methods and Research* 10(2), 1981, pp.141-163.) および Morrill *et al.*, "Toward an Organizational Perspective on Identifying and Managing Formal Gatekeepers" (*Qualitative Sociology* 22(1), 1999, pp.51-72.) を参照。

(4)「移住者」(migrants) をめぐる概念や用語法は研究者によって様々だが、本章では移住者を移動 (migrate) する者として捉え、いわゆる長期滞在者をも含む広義の概念としてその用語を用いている。

(5)この段落に示した統計は、外務省、「海外在留邦人数調査統計」外務省領事局政策課、二〇一六年、の統計に依拠している。

(6)長友淳『日本社会を逃れる――オーストラリアへのライフスタイル移住』彩流社、二〇一三年、三七頁。

(7)同前、一四九～二四一頁。

(8)同前、六七～八八頁、および、社会心理学の分野では Takano, Y. & E. Osaka (1999) "An unsupported common view: Comparing Japan and the U.S. on individualism/collectivism" (*Asian Journal of Social Psychology* 2(3), pp. 311-341.) でも指摘されている。

(9)倉田和四生「カナダにおける日系社会の構造と変化」(『関西学院大学社会学部紀要』四十七号、一九八三年、八四頁。

(10)前掲、『変革する多文化主義へ』二〇一〇年、七～九頁。

参照文献

倉田和四生「カナダにおける日系社会の構造と変化」(『関西学院大学社会学部紀要』四十七号、一九八三年、八三～一〇四頁。)

塩原良和『変革する多文化主義へ』法政大学出版局、二〇一〇年。

長友淳『日本社会を逃れる――オーストラリアへのライフスタイル移住』彩流社、二〇一三年。

濱野健『日本人女性の国際結婚と海外移住——多文化社会オーストラリアの変容する日系コミュニティ』明石書店、二〇一四年。

Benson, M., "A Desire for Difference: British Lifestyle Migration to Southwest France," ,(Michaela Benson and Karen O'Reilly eds., *Lifestyle Migration: Expectations, Aspirations and Experiences,* Burlington; Farnham: Ashgate, 2009, pp.121-135.)

Granovetter, M. "The Strength of Weak Ties",(*American Journal of Sociology* 78, 1973, pp.1360-1380.

Hall, S., "Cultural Identity and Diaspora," ,(*Jonathan Rutherford ed., Identity: Community, Culture, Difference,* London: Lawrence & Wishart, 1990, pp.222-237.)

Mizukami, T., *The Sojourner Community: Japanese Migration and Residency in Australia*. Boston; Leiden: Brill, 2007.

Portes, A. and R. Rumbaut, *Immigrant America: A Portrait*. Berkeley: University of California Press, 1990.

Sato, M., *Farewell to Nippon: Lifestyle Migrants in Australia*. Melbourne: Trans Pacific Press, 2001.

移住者がサスティナブルになるということ
――シドニーの日本人永住者の経験から――

塩原　良和

一　「根付く」こととしてのサスティナビリティ

移住者がサスティナブルになるとは、どういうことなのだろうか。持続可能になる、ということであれば、より一般的には移住先に「根付く」という言い方になるだろう。しかし移住者が移住先社会に根付くというのは、そこにただ長く住んでいるということとは異なる。どんなに長く住んでいても、その土地に自分が根付いていると感じられないという心境は、都市化されたミドルクラス的生活を送る人々にとって決して例外的ではない。それは、かれらが海外に移住した場合も同様だろう。自身もレバノンからの移民であるガッサン・ハージによれば、国外に住むレバノン人ビジネスンパーソンたちはしばしば、どんなに在住期間が長くなっても自分がそこに「移住した（migrated）」とは言わず、「住み続けている（living）」と表現するという[(1)]。それでは、移住者のなかでもとりわけミドルクラスに位置する人々にとって、移住先社会に根付くとはどのような状況を意味するのだろうか。本章の目的はミドルクラス移民としての特徴を強く有する集団としてのシドニー在住日本人永住者コミュニティを事例として、この問いを考察することである。

ところで、このミドルクラス移民という呼び方は、その指し示す対象が必ずしも明確ではない。この呼称に当てはまる人々は、日本の文脈では「高度人材外国人」「グローバル人材」「グローバル・エリート」などと呼ばれる。オーストラリアでは、移住プログラムにおいて「技能移民（skilled migrant）」と呼ばれる、スキルや経歴といった人的資本によって国家や企業の経済的利益に貢献すると評価された移住者たちがそれに当たる。現時点で資産をどの程度有しているかどうかは、こうした評価を根本的に左右しないかもしれない。しかしミドルクラスという以上、入国後に比較的収入の高い職業に就くことが想定されており、したがって少なくとも貧困ではない程度の経済資本を有していることが前提となる。

こうした人々すべてを「エリート」と呼ぶことは、必ずしも適切ではない。出入国管理政策における扱いからいえば、日本でエリートと呼べる外国人は二〇一二年度に導入された、いわゆる高度人材ポイント制度の認定者になる。二〇一六年十二月末時点で、この制度の認定を受けて日本に在留している外国人（二〇一五年度に新設された在留資格「高度専門職」取得者およびそれ以前に高度人材と認定され「特定活動」の在留資格を受けた者）は、約五千五百人である。それは活動に基づく在留資格（技能実習、留学、研修、家族滞在を除く）、および特定活動の在留資格を付与されて日本に在留する約三十二万人のなかの、ごくわずかにすぎない(2)。オーストラリアの移民プログラムでは「卓越した人材（Distinguished Talent）」および「重要な投資者（Significant Investor）」「プレミアムな投資者（Premium Investor）」というカテゴリーが、グローバル・エリートを誘致する制度だといえる。「卓越した人材」は文字通りオリンピックやノーベル賞レベルの人材に対して、また「重要な投資者」は五百万豪ドル以上の投資を四年間、「プレミアムな投資者」は千五百万豪ドル以上の投資を一年間、オーストラリアで継続的に行なっている人々に対して、永住ビザを優先的に交付する制度だが、それらの適用者はあわせて年間数百件程度である(3)。毎年数万～十数万人が技能移民としてオーストラリアに新規入国することを考えれば、その大半はグローバル・エリートといえるほど突出した人的・経済的資本を有しているわけではない人々だといえる。本章でミドルクラスと形容するのは、そのような人々である。

渋谷望によれば、ミドルクラスとは実体的な人口集団というよりは、「学校で勉強し、高等教育を受け、就職活動をうまく切り抜け、昇進のために仕事に励み、スキルアップをする[4]」ことによって、労働者階級より上の豊かな暮らしを実現したいという価値観を内面化した人々として定義される。すなわち「資本による労働力の商品化の圧力に対して、『個人単位』の上昇志向によって対応しようとする戦略を採用する人々[5]」がミドルクラスである。この渋谷の定義を踏まえつつ、国境を越えて移動することで移動先の社会の多文化の一要素となるミドルクラス移民のことを「グローバル・マルチカルチュラル・ミドルクラス（Global Multicultural Middle Class: GMMC)」と呼びたい[6]。このGMMCとしての特徴を強くもつ移民集団として、本章ではシドニーにおける日本人永住者コミュニティを取り上げ、そのオーストラリア社会との関係性がどのように変容していったのかを考察する。

本章での事例分析の理論的出発点になるのは、米国の人類学者アイファ・オングが提示する「フレクシブルな市民権（flexible citizenship）」という概念である。オングはこの概念で、投資や仕事や家族を移住させるなどの手段によって、さまざまな国家のなかから負担を回避し利益を最大化できる国家を選んで一時的に帰属するというミドルクラス移民の帰属のあり方を表現した[7]。後述するように、一九九〇年代までのシドニーの日本人永住者は、まさにこのような意味での「特殊な人々」と見なされる傾向があった[8]。こうしたフレクシブルな生活様式を遂行する人々は必然的に、自らの故郷を含め、自分たちがいま住んでいる社会に強く固執しない「根無し草」的な帰属意識をもつと想定される。言い換えれば、そのような古典的な意味でのコスモポリタニズムが[9]、フレクシブルな市民としてのGMMCあるいはグローバル・エリートに適合的なアイデンティティのあり方ということになる[10]。

GMMCが常にフレクシブルな生活様式を遂行しつつコスモポリタンなアイデンティティとともに「根無し草」として「住み続ける」としたら、かれらは結局、移住先社会に根付くことはないのであろうか。かれらがそこに根付くことがあるとしたら、それはどのようにしてそうなるのか。二〇〇〇年代以降のシドニー日本人永住者コミュニティの変容は、この問いを考える際に興味深い事例を提供している[11]。

二「特殊な人々」というイメージと遠隔地ナショナリズム

十九世紀末に日本からオーストラリアへの移住が開始されて以降、二十世紀前半までに各地に形成された日本人住民の相互扶助組織は、第二次世界大戦時の強制収容と戦後の強制送還によってほぼ消滅した。在留が認められたのは、わずか百人程度であったとされる(12)。一九五〇年代には日本でオーストラリア兵と結婚した数百名の「戦争花嫁」たちが移住したが、白豪主義下のオーストラリアでは日本人永住者組織は発展しなかった(13)。その後、日豪経済関係が発展するにつれて、日本企業の駐在員を中心とした日本人会や、オーストラリア人親日家なども加わった国際交流を主眼とした豪日協会などが各地に設立された(14)。

白豪主義が廃止された後の一九七九年、日本の国際協力事業団（ＪＩＣＡ）がオーストラリアへの技術移住者送り出し事業を開始し、永住権を取得する日本国籍保持者（日本人永住者）が増え始めた。やがて一九八〇年代以降、ＪＩＣＡの支援のもと日本人永住者主体のコミュニティ組織が全豪各地で設立されていった。シドニーでは一九八三年に、シドニー日本クラブ (Japan Club of Sydney: JCS) が設立された。ＪＣＳを含む各地の日本クラブは会員間の親睦、情報交換、相互扶助などを目的としていたが、オーストラリアの行政との接点は少なく、他の移民コミュニティ組織との交流にも積極的ではなかった。

シドニーをはじめとする各地の日本人永住者コミュニティの今日に至る基盤を形成したのは、こうした技能移民たちであった。しかもこうした人々は、当時はエリートであった日本企業の駐在員と生活圏や交流範囲を共有していた。それゆえ在豪日本人移民は、オーストラリアにおいてＧＭＭＣのイメージを強く有したコミュニティの先駆であったといえよう。筆者が現地調査を開始した二〇〇〇年代初頭の時点でも、経済大国からやってきた裕福な人々で、その中心はあくまで永住者ではなく日本企業の駐在員という「特殊なコミュニティ」である、という在豪日本人へのイメージがオーストラリアの行政関係者や日系以外の住民のあいだでは根強かった(15)。また日本人永住者自身も、そのようなイメージを内面化する傾向がみられた。当時、シドニーを含む各地の日本人永住者コミュニティ組織の主導的人物に筆者が行った聞き取りでは、在豪日本人永住者は戦前に北米や中南米に移住した人々のような、日本に二度と戻らない覚悟で苦労して移住先に定着した人々ではない、移住して数世代が経過しているわけでもなく、文化的にもアイデンティティとしても日本に住んでいたころと変わらない、といった語りが聞かれた。それゆえ自分たちは「移民」でも「日系人」でもなく、あくまでも「日本人」なのだ、と主張する者も少なくなかった[16]。

こうした意識が在豪日本人永住者のあいだで支配的であったことを傍証する事例として、JCSの主導的人物であったある永住者男性が中心となって一九九〇年代に展開された、海外在留邦人の国政選挙権を保障するための在外投票権獲得運動がある。この運動は、世界各地の在外邦人や日系人と連携して在外投票権を実現しようとした。その過程で「日系コミュニティ」としての在豪日本人永住者という表現が、豪州国内の日本語新聞などに見られるようになった[17]。この「日系コミュニティ」という表現は、当時のシドニーの日本人永住者に支配的だった「海外に住んでいる日本人」という自己イメージがのちに大きく変化していくひとつのきっかけにはなった。ただし在外投票権獲得運動それ自体はオーストラリアに住む日本国民（日本国籍保持者）が祖国の政治状況への介入を望む、典型的な「遠隔地（遠距離）ナショナリズム」[18]であり、「日系」という言葉も、日本政府に影響力を与えるために他国の在留邦人と連携する目的で、戦略的に強調された側面があった。

三　コミュニティの制度化と活用

しかし、こうした「特殊な人々」というイメージや「日本人」としての遠隔地ナショナリズムとは異なる、在豪日本人永住者のあいだの新しい動きも一九九〇年代には顕在化していた。それはJCSなどの永住者コミュニティ活動に関わる人々、特に国際結婚移住者のあいだで、子どもへの日本語継承の機会の不足が認識されるようになったことである。当時もシドニーには、日本政府に認定された在外教育施設としての日本人学校や補習校はあった。しかし、そこでは文部省（当時）の学習指導要領に準拠した教科学習が日本語によって行われたため、日本語自体から学ばなければならない国際結婚家庭の子どもにとっては難しかった。また英語を主言語としオーストラリア人として生きていく子どもたちが、受験勉強のための高度で特殊な日本語を学ぶ必要性はそもそも少ない。それゆえ日本人永住者、とりわけ次第に増加してきた国際結婚移住者たちの間で、自分たちの子どものニーズに見合った日本語教室を設立しようという機運が生じた(19)。一九九四年にＪＩＣＡから各地の日本クラブへの資金援助が廃止されたこともあり、こうした人々はオーストラリアの行政制度に積極的に関わることで自分たちのニーズを達成しようとした。その結果、シドニーの日本人永住者たちの活動は、移民言語の継承を目的とした「コミュニティ言語教室 (Community Language Schools)」という制度に依拠して行われるようになった。

ニューサウスウェールズ州の場合、コミュニティ言語教室とは州政府によって認定され、正規の学校教育以外の場所と時間に開講される、移民の子どもたちがコミュニティ言語を学ぶための教室を意味する。その運営は移民コミュニティの保護者たちによってボランティアで担われ、公立学校の校舎を借りて週末等に開講されることが多い(20)。州政府教育省からコミュニティ言語教室として認定されると、生徒数に応じた助成金をはじめ、さまざまな支援を受けることができる。

シドニーにおいて最初に州政府に認定された日本語コミュニティ言語教室（当時はエスニック・スクールと呼ばれていた）は、一九九三年に北部近郊キャメレイの公立学校の敷地を借りて開校した JCS North School（のちにシドニー日本語土曜学校と改称）であった。その後一九九〇年代半ばまでは日本語コミュニティ言語教室は二校に留まっていたが、一九九九年にＪＣＳ日本語学校シティ校が開講してから急増していった。それはシドニーにおいて国際結婚日本人移住者が急増し、ＪＣＳをはじめとする永住者のコミュニティ活動の主な担い手がそうした人々に移行していったこととも関係している(21)。こうして二〇一六年十一月時点で、シドニーにはニューサウスウェールズ政府に認定された日本語コミュニティ言語教室が九校存在しており、推定で千人ほどの生徒が日本語を学ぶようになった(22)。生徒の大半は永住者、とりわけ国際結婚移住者ちの子どもであり、そこで教えられているのは基本的に移民次世代が学ぶコミュニティ言語としての日本語である(23)。これらの学校の多くは当初ＪＣＳの下部組織として発足し、コミュニティ言語教室としてニューサウスウェールズ州政府に認定されたのち、ＪＣＳの傘下から独立している。[24]

主に小学生ないし幼稚園児以上の年齢の子どもを対象とする日本語コミュニティ言語教室の増加とともに、それ以下の年齢の子どもに日本語環境を提供することを目指す「コミュニティ・プレイグループ」も、シドニーの国際結婚家庭の保護者のあいだで活発に行われるようになった。プレイグループ（playgroup）とはオーストラリアで一九七〇年代から盛んになった活動で、学齢前の子どもを持つ保護者が週一〜二回ほど集まって子どもたちを遊ばせながら他の親と交流したり、子育てなどの悩みを相談したりする。[25]このうちコミュニティ・プレイグループと呼ばれるものは、保護者（主に母親）がボランティアで組織する。それに対して行政から事業委託を受けた団体が有給のコーディネータやスタッフを雇用して実施するものは「早期介入（early intervention）プレイグループ」などと呼ばれ、就学前児童への支援のための政策手法のひとつとして明確に位置づけられている。[26]しかしコミュニティ・プレイグループもまた、ボランティアとはいえ各州のプレイグループ協会による制度的支援を受けている。ニューサウスウェールズ州の場合、保護者はニューサウスウェールズ州プレイグループ協会（Playgroup NSW）に会員登録することで、各プレイグループの実施場所などの情報を提供される。また自分たちでプレイグループを設立・運営したい保護者にはノウハウや教材が無償ないし低額で提供され、プレイグループ活動をカバーする保険に加入できる。[27]このようにコミュニティ・プレイグループ活動は、地域社会の人的資源を動員することで比較的安価に就学前児童支援を行うコミュニティ・ベースの施策として事実上制度化されている。

ニューサウスウェールズ州プレイグループ協会に登録されている、日本人永住者の親によって運営されるコミュニティ・プレイグループは、二〇一五年二月時点でシドニーに十八ヶ所あった。これは、文化・言語的多様性をもつ（Culturally and Linguistically Diverse: CALD）グループ、つまり英語を母語としない人々が組織するグループのなかではもっとも多かった。[28]シドニーにおける日本人コミュニティ・プレイグループ活動がこれほど盛んになった経緯には、日本人移住女性のＡ氏が深く関わっている。[29]Ａ氏は一九九〇年代半ばに来豪してオーストラリア人の夫と結婚し、出産を機にシドニー西部近郊に移り住んだ。日本人永住者や駐在員家庭が集住していた北部近郊とは異なり、当時の西部近郊では日本人永住者のネットワークは未発達であり、A氏は子どもが日本語を習得する環境を望んでいた。A氏は日本語コミュニティ言語教室でも活動していたが、地元の行政から同じような事情を抱えた近隣の日本人女性を紹介されたのを契機にプレイグループを設立し、ニューサウスウェールズプレイグループ協会に登録した。プレイグループを運営するなかで、A氏は地元の政治家や行政、移民定住支援団体とのネットワークをもつようになった。さらにA氏は二〇〇五年から二〇〇九年まで、ニューサウスウェールズ州プレイグループ協会におけるＣＡＬＤのバックグラウンドをもつ唯一の理事として活動した。その頃になると北部近郊以外の地域に住む国際結婚移住女性も増加していた。A氏はニューサウスウェールズ州プレイグループ協会の理事として、自分のプレイグループに遠方から通ってくる日本人女性や相談をもちかけられた日本人女性に、自分たちでプレイグループを立ち上げて協会に登録して、その支援を受けながら運営していくノウハウを伝えるなど、メンターとしての役割を果たすようになった。このようなA氏の活動もあり、シドニー郊外全域で日本人コミュニティ・プレイグループが増加していった。

A氏を含め、コミュニティ言語教室やコミュニティ・プレイグループ活動の中心となって活動していた国際結婚移住者（その多くは日本人女性だが、日本人男性も含まれている）には、比較的高学歴で日本かオーストラリアあるいはそれ以外の国での就業経験があり、英語も堪能な人々が多かった。そうした人々が他の国際結婚移住者と子どもへの言語・文化継承というニーズを共有したうえでリーダーシップを発揮し、政府の提供する移民コミュニティへの支援制度を熟知し活用したことが、これらの活動が発展してシドニーの日本人永住者コミュニティの中で定着していく原動力となった。こうした様々な公的支援を活用するノウハウの確立にはＪＣＳの活動も大きく貢献したが、それらはやがてＪＣＳの組織の枠をこえてシドニーの日本人永住者コミュニティ内で広範に共有される知的資源となっていった。

四　エスニック・ポリティクスとハイブリディティ

二〇〇〇年代以降、日本人永住者コミュニティの担い手の中心は国際結婚移住者（とりわけ女性）に移行していった。そうした人々には、九〇年代の永住者コミュニティの主導者たちのように自分たちを「特殊な人々」と認識するのではなく、多文化社会オーストラリアにおける移民集団のひとつであると意識する傾向が見られた(30)。オーストラリア人（あるいは日本以外の国出身の移民）の配偶者をもち、多くはオーストラリア社会で育っていく子どもを育てるそうした人々の間で、自らが移民だという意識が広がるのは、ごく自然な成り行きであっただろう。

このような意識がニューサウスウェールズ州の政策に対する要望という形で顕在化したのが、二〇〇七年に結成された「ＨＳＣ日本語対策委員会」の活動であった(31)。ＨＳＣ（Higher School Certificate）とは、ニューサウスウェールズ州における大学入学資格試験のことである。当初はＪＣＳの内部に結成されたＨＳＣ日本語対策委員会は翌年には独立し、二〇一一年にニューサウスウェールズ州の非営利団体として登録された。その主な活動は、ニューサウスウェールズ州内の日本語コミュニティ言語教室と連携しながら、ＨＳＣが日系の子どもの日本語継承にとって不利に働いている状況の改善を州政府当局や教育委員会、連邦政府やオーストラリアの人権擁護組織などに署名活動や陳情を通じて訴えていく、ロビイングであった。ＨＳＣ日本語対策委員会は、ＨＳＣの科目に含まれる外国語のうち日本語を含むアジアの五言語だけに、家庭で言語を継承している生徒が高い評価を得にくい制度が適用されていることを人種差別的であるとし、その改善に向けた運動を進めていった。ＨＳＣ日本語対策委員会のこうした活動は、日本政府へのロビイングを行なった九〇年代の在外選挙権獲得運動とは異なり、オーストラリアの政府に対して、多文化主義社会オーストラリアにおける移民集団としての日本人の公正な承認を求めるエスニック・ポリティクスと呼べるものであった。

ＨＳＣ日本語対策委員会の活動においては、国際結婚家庭の子どもが日本語コミュニティ言語教室で学ぶ日本語は「継承日本語」と呼ばれ、親の話す母語としての日本語とは区別された。継承語としての日本語という概念は二〇一〇年代のシドニーの日本人永住者コミュニティの間で急速に普及したが、それはＨＳＣ日本語対策委員会に関わった人々の努力によるところが大きい。二〇一一年には、ＨＳＣの日本語科目に新たに「継承語」コースが設けられ、ＨＳＣ日本語対策委員会はその活用を日本人永住者の親たちに働きかけた[32]。

日本語を継承語として子どもたちが学ぶということは、子どもたちが日本人としての文化やアイデンティティを受け継いでいく、つまり移民コミュニティがサスティナブルになることを意味する。しかしそれはあくまでも英語を使って生活し、オーストラリア人として生きることを前提として、子どもたちが日本語を受け継ぐということでもある。つまり継承日本語という概念は、そもそも永住者の子どもたちが日豪間のハイブリッドな存在として生きるということを前提としている。継承語としての日本語という概念が定着し、それがＨＳＣという制度と結びついた結果、日本語コミュニティ言語教育は次世代の子どもの文化的ハイブリディティを高めることによって移民コミュニティとしてのサスティナビリティを保障する機能を果たすようになっている。

五　コスモポリタニズムとトランスナショナリズム

先述した在豪日本人住民のあいだの遠隔地ナショナリズムは、二〇一一年三月十一日に発生した東日本大震災と津波被害、その後の福島第一原子力発電所の事故（以後「三・一一」と呼ぶ）の際に再び活性化したように見えた。この惨事はオーストラリアでも大きく報道され、在豪日本人住民に衝撃を与えた。災害発生直後から、募金活動などさまざまな支援の動きが全豪各地の日本人住民のあいだで起こった。にもかかわらず、シドニーの日本人永住者のあいだでは一九九〇年代の在外選挙権獲得運動とは異なる方向性が生まれた。それが、Ｂ氏を中心としたグループによって始められた「レインボー・プロジェクト」である。二〇〇〇年代半ばにオーストラリアに移住してきた日本人国際結婚女性であり、それまでもシドニーの永住者コミュニティのなかで様々な活動を経験してきたＢ氏[33]は、三・一一が起きると復興支援に取り組みはじめ、反原発運動にも関心を持つようになった。さらに、オーストラリアのウラン採掘問題にも関わるようになった。日本の原発で使用されるウランの多くがオーストラリアのウラン鉱山から採掘されており、それが現地での環境問題や先住民族の権利侵害を引き起こしていたからである。B氏らはイベントや映画上映会などの活動を通じて、オーストラリアの人権・環境NGOとの協力関係を深めた。そして、毎年三・一一の復興祈念イベントをシドニーで開催するようになった。初期のイベントでは地震や津波での被害だけではなく原発事故での被害にも焦点が当てられ、それとオーストラリアのウラン採掘問題との結びつきが強調された。そこには日本への愛国心・愛郷心の発露をこえた普遍的な正義や平和の追求という、世界市民意識という意味でのコスモポリタニズムも見られた。それはB氏らに先行してメルボルンで平和運動や反原発・反ウラン採掘運動を展開していた、Japanese for Peace (JFP) という団体とも共通するものでもあった(34)。

ただしこうした価値観は、日本人永住者コミュニティのなかで広範に受け入れられたとはいえない。むしろ地震・津波の被害に対する支援活動には積極的でも、反原発・反ウラン採掘といった運動は政治的に偏っていると拒否感を示す日本人住民も少なくなかった。B氏は当初、反原発や反ウラン採掘運動の情報をSNSなどで日本人コミュニティに発信していたが、そうした情報に触れること自体を拒絶する人々がいたため、独自のフェイスブックページを作成して問題意識を共有する人々とだけ情報交換を行うようになった。同様の理由で、反原発・反ウラン採掘のメッセージを強調したイベントに現地日本人団体の協力を得ることは難しかった。オーストラリアの鉱山産業とも関わりが深い日本企業で働く駐在員もいるのだから、そのような主張をしてはいけないという声もあった。もちろん、オーストラリアのNGOとともに熱意をもって反原発や反ウラン採掘の活動に取り組んでいる日本人もいるが、それはあくまでも少数派であったという。

そこでB氏らは、自らとは異なる価値観をもった永住者たちにも受け入れられるように、自分たちの活動の方向性を柔軟に変えていった。B氏はかつて欧州に住んでいたが、チェルノブイリ原発事故の際に原発周辺に住む子どもたちを短期間、放射能の影響のない場所に受け入れて保養させるホームステイ活動が行われ、成果を挙げたことを知っていた。そこで、福島の子どもたちを対象とした同じようなホームステイ活動を行うことを思いついた。この計画は「レインボーステイ・プロジェクト」と名付けられ、二〇一一年八月に第一回が実施された。B氏とその仲間の日本人住民がボランティアで協賛企業や資金援助を募り、スケジュールを計画立案して、福島の子ども・若者十名をシドニーに十日間招待した。参加者は国際結婚家庭に滞在しながら、現地での歓迎行事やアクティビティに参加した。はじめは、このような活動に果たして意義があるのか半信半疑だったが、参加した子どもや若者たちがオーストラリアの豊かな自然や人々の歓待のなかで心を開き、自分の将来について前向きな姿勢になっていく変化に感動し、その後も活動を継続していくことに決めたという。

こうしてレインボーステイ・プロジェクトは、毎年一回実施されるようになった。オーストラリアや日本のマスメディアにもたびたび紹介され、協力してくれる現地や日本の企業、寄付金も年を追うごとに増えていった。プロジェクトへの社会的認知が高まり、また事務手続き上の事情もあり、二〇一三年からはＪＣＳの事業として継続することになった。活動は「ＪＣＳレインボー・プロジェクト」と改称され、B氏はＪＣＳの幹部となった。ＪＣＳの事業となったことで日本人移民コミュニティ内での信用も高まり、外部からの協賛や支援も得られやすくなったという。また原発問題に関心をもつアボリジニの長老が歓迎セレモニーを毎年開いてくれたり、地元の政治家や自治体、学校などの積極的な協力も得ていた。二〇一四年からは、福島の状況に思いを寄せるオーストラリアの労働組合からの潤沢な金銭的支援を受けるようになった。こうしてB氏らの活動はオーストラリアの市民社会や行政とのつながりをますます強め、さらに日本の慈善団体やＮＧＯなどとの国境を越えた協力関係も築いていった。

二〇一六年三月に開催された五回目の三・一一復興支援イベントでは、震災直後に外国政府要人としていち早く被災地入りしたジュリア・ギラード元首相からのビデオメッセージが上映された。二日間のイベントでは、日本から参加したゲストやシドニー在住日本人の様々なグループ、オーストラリアの政治家や被災地支援に関わったレスキュー隊の人々、東北地方の大学の学生などが、パフォーマンスやワークショップ、スピーチ、物品販売などを行った。先述のオーストラリアの労働組合をはじめ、さまざまな企業や団体がスポンサーとなり、またＪＣＳだけではなく駐在員中心のシドニー日本人会やシドニー日本総領事館などの協力も得て、大変な盛況となった。イベントの運営はB氏ら中心メンバーのほかに、現地の日本語メディアなどを通じて集まった多くのスタッフが担った。三・一一から五年を経て、オーストラリアの多くの人々がいまだに被災地に心を寄せてくれていること、また東北のために何かをしたいと感じている在豪日本人住民がたくさんいることを、B氏は強く感じたという。二〇一六年八月に実施された第六回JCSレインボー・プロジェクトでは、福島県内で伝統芸能を守る活動をしている原発避難者の中高生を招待し、現地の高校生などと交流しつつパフォーマンスを披露してもらうイベントをオーストラリアの団体と協力して進めた。また日本からアニメの声優や若手女性ヴァイオリニストを読んで公演してもらうなど、福島の現状を若者の視点から親しみやすく伝える実践を行った。同年には、現地日本語新聞『日豪プレス』でも原発やウラン採掘問題に関する連載記事が掲載されるなど、この問題に関心を抱く在豪日本人も少しずつ増えてきているとB氏は考えている(35)。

B氏を中心としたシドニーにおける三・一一をめぐる市民活動は、二〇一七年時点でも活発に展開していた。その要因のひとつとして、B氏が日本人永住者コミュニティに根強く存在する遠隔地ナショナリズムや政治的活動を忌避する保守的な価値観と両立できるように、自分たちの活動の方向性を調整してきたことがある。にもかかわらずレインボー・プロジェクトの活動は、九〇年代の在外選挙権獲得運動のような「在外邦人」としての遠隔地ナショナリズムとは明白に異なる。それは本章で述べてきたシドニーにおける一九九〇年代以降の「日系移民」コミュニティとしての制度化やネットワーキングの進展を基盤として、そこに蓄積された資源を活用して展開してきたからである。さらに若者たちの夢や希望への応援、オーストラリア社会との交流や相互理解といった、ナショナリズムの枠にとどまらない普遍的で文化相対主義的な要素もイベントのなかで強調された。このような「日系移民」という立ち位置からの活動は、オーストラリアの市民活動や非営利団体、行政等との積極的な連携も促した。換言すれば、移民としてオーストラリア社会に根付いて、その地域的・人的資源を活用できたからこそ、B氏らの活動はオーストラリアと日本を結ぶトランスナショナルな広がりを獲得し、遠隔地ナショナリズムをこえたコスモポリタンなメッセージを発信することができたのである。

六　さらなる比較研究に向けて

ＧＭＭＣにとって、移住先社会においてサスティナブルな存在になる（すなわち、根付く）とは、どのようなことを意味するのか。本章ではそれを、シドニーの日本人永住者コミュニティにおける二〇〇〇年代以降の変化に焦点を当てることから考察してきた。冒頭でも述べたように、ＧＭＭＣと同一視されてきた「高度人材」「技能移民」などと呼ばれる人々は、その人的資本に基づいてビザを付与される人々である。しかし、本章で考察した日本語コミュニティ言語教室、日本語コミュニティ・プレイグループ、ＨＳＣ日本語対策委員会、レインボー・プロジェクトといった諸活動は、その時点で専門職・ホワイトカラー的職業に従事する日本人住民主体で行われてきたわけではない。むしろ、それらは主に国際結婚移住者の日本人（その多くが女性）によって担われてきた。しかしすでに述べたように、Ａ氏をはじめ日本語コミュニティ言語教室や日本語プレイグループに関わった結婚移住者たちのなかにはスキルや英語力が比較的高く、日本、オーストラリア、ないしそれ以外の国での勤務経験がある人が多かった。ＨＳＣ日本語対策委員会やＢ氏をはじめとしたレインボー・プロジェクトのスタッフたちにも、そのような傾向が強くみられた。それゆえ、こうした人々もＧＭＭＣと呼べる。またこうした日本人移住女性が結婚・出産を経た後、その能力を活かしてオーストラリア社会に再参入していくうえでも、これらのコミュニティ活動は一定の役割を果たしていた(36)。

こうした事例の分析から得られた知見は、以下のようにまとめられる。まず、シドニーの日本人永住者コミュニティにとって移住先社会に根付くということは、オーストラリア社会での「特別な人々」という根無し草的状況から脱却し、移住者としてのニーズを自覚し充足するために行政のコミュニティ支援制度に関わり、そこで得られた資源を積極的に活用するという過程の進行と拡大を意味した。この知見は、必要であれば母国への帰還や他国への再移住を試みる「フレクシブルな市民」というＧＭＭＣのイメージに修正を迫る。それは、ＧＭＭＣあるいはグローバル・エリートと呼ばれる人々もライフステージの変化を経験するのだという、見落とされがちな事実を再認識することの重要性を示唆してもいる。ライフステージが変化するに伴い、かれらのニーズや価値観、家族構成も変化していく。高度人材などと呼ばれる人々であっても、決して自分や家族の生活を自由自在にリセットし、再構成できるわけではない。それゆえライフステージの課題に対処するために、移住先のコミュニティに深く関わっていかねばならない局面を経験する。

そしてそのような経験はシドニーの日本人永住者のあいだに、オーストラリアにおける在外邦人としての「日本人」からオーストラリア社会を構成する「日系移民」へのアイデンティティの変容と、移民集団としての公正な承認をオーストラリア社会に要求しつつ、移住経験と世代交代がもたらすハイブリディティを受容する意識の広まりをもたらした。それはかれらに遠隔地ナショナリズムとも抽象的な普遍主義とも異なる、移住先社会に「根のあるコスモポリタニズム[37]」に基づくトランスナショナルな市民活動の実践を可能にしたのである。

コミュニティの制度化・活用と、日系移民としての根付いたコスモポリタニズム。シドニーの日本人永住者にとってオーストラリアに根付くこととは、このような状況が広まっていくことであった。ＧＭＭＣの移住過程に関する研究を進めていくうえで、この知見を比較のための新たな仮説として提案することで本章を閉じたい。

注

(1) ガッサン・ハージ（塩原良和訳）「存在論的移動のエスノグラフィ——想像でもなく複数調査地的でもないディアスポラ研究について」（伊豫谷登士翁編『移動から場所を問う——現代移民研究の課題』有信堂高文社、二〇〇七年、三九頁。）

(2) 法務省「在留外国人統計」（http://www.moj.go.jp/housei/toukei/toukei_ichiran_touroku.html　二〇一七年五月一日参照）

(3) Department of Immigration and Citizenship (DIAC), *Annual Report 2012-13*. Canberra: DIAC, 2013, pp. 58-59. Department of Immigration and Border Protection (DIBP), *Annual Report 2013-14*. Canberra: DIBP, 2014, pp. 54-55. Department of Immigration and Border Protection ウェブサイト（https://www.border.gov.au/Lega/Lega/Form/Immi-FAQs/what-is-the-significant-investor-visa

二〇一七年五月一日参照）

(4)渋谷望『ミドルクラスを問い直す──格差社会の盲点』ＮＨＫ出版、二〇一〇年、一八頁。

(5)同前、五四頁。

(6)塩原良和「グローバル・マルチカルチュラル・ミドルクラスと分断されるシティズンシップ」（駒井洋監修、五十嵐泰正・明石純一編著『「グローバル人材」をめぐる政策と現実』明石書店、二〇一五年、二二二〜二三七頁。）

(7)Ong, A., *Flexible Citizenship: the Cultural Logics of Transnationality*, Durham: Duke University Press, 1999, p.112.

(8)塩原良和『「包摂」をこえて──一九九〇年代から二〇〇〇年代初頭のオーストラリアにおける公定多文化主義とその社会的文脈』慶應義塾大学大学院社会学研究科博士論文、二〇〇四年、一三七頁。

(9)鈴木弥香子「『根のあるコスモポリタニズム』へ──グローバル化時代の試練と新たな希望」（塩原良和・稲津秀樹編著『社会的分断を越境する──他者と出会いなおす想像力』青丘社、二三五〜二四九頁。）

(10)塩原良和『共に生きる──多民族・多文化社会における対話』弘文堂、二〇一二年、一四三〜一五八頁。

(11)本章で紹介する事例は、塩原良和『分断するコミュニティ──オーストラリアの移民・先住民族政策』法政大学出版局、二〇一七年の六、七章を要約し再構成したものである。詳細は同書を参照されたい。

(12)Nagata, Y., *Unwanted Aliens: Japanese Internment in Australia*. St. Lucia: University of Queensland Press, 1996, pp. 15-36. 永田由利子『「和解」のないままに──日系オーストラリア人強制収容が意味したこと』（『オーストラリア研究』一五号、二〇〇三年三月、九五頁。）

(13)Tamura, K., 2001, *Michi's Memories: The Story of a Japanese War Bride*. Canberra: Pandanus Books, pp. xiv-xv. 濱野健『日本人女性の国際結婚と海外移住──多文化社会オーストラリアの変容する日系コミュニティ』明石書店、二〇一四年、四一〜四四頁。

(14)Mizukami, T., 1993, "*The Integration of Japanese Residents into Australian Society: Immigrants and Sojourners in Brisbane*". (Papers of the Japanese Studies Centre 20, 1993, pp. 36-40.)

(15)塩原良和「多文化主義国家オーストラリア日本人永住者の市民意識──白人性・ミドルクラス性・日本人性」（関根政美・

塩原良和編『多文化交差世界の市民意識と政治社会秩序形成』慶應義塾大学出版会、二〇〇八年、一四三～一六一頁。)

(16) 前掲、『「包摂」をこえて――一九九〇年代から二〇〇〇年代初頭のオーストラリアにおける公定多文化主義とその社会的文脈』二〇〇四年、一三七頁。前掲、「多文化主義国家オーストラリア日本人永住者の市民意識――白人性・ミドルクラス性・日本人性」(前掲、『多文化交差世界の市民意識と政治社会秩序形成』一五一～一五六頁。)

(17) 前掲、『日本人女性の国際結婚と海外移住――多文化社会オーストラリアの変容する日系コミュニティ』二〇一四年、一一〇～一一二頁。

(18) ベネディクト・アンダーソン(糟谷啓介他訳)『比較の亡霊――ナショナリズム・東南アジア・世界』作品社、二〇〇五年。

(19) Shiobara, Y. "The Beginnings of Multiculturalisation of Japanese Immigrants to Australia: Japanese Community Organisations and the Policy Interface", (*Japanese Studies* 24(2), 2004, p. 253.)

(20) ＮＳＷ州教育・コミュニティ省ウェブサイト(http://www.dec.nsw.gov.au/what-we-offer/community-programs 二〇一七年五月一日参照)。

(21) 前掲、「多文化主義国家オーストラリア日本人永住者の市民意識――白人性・ミドルクラス性・日本人性」(前掲、『多文化交差世界の市民意識と政治社会秩序形成』一五〇～一五一頁。)

(22) 塩原良和「在豪日本人永住者と多文化主義――シドニーにおける日本語コミュニティ言語教育の発展」(長友淳編『オーストラリアの日本人――過去そして現在』法律文化社、二〇一六年、一一八～一三三頁。)。二〇一五年十月には九番目の日本語コミュニティ言語教室として、シドニー東部にＪＣＳ日本語学校エッジクリフ校が開校した。(http://edgecliff.japanclubofsydney.org/ 二〇一七年五月一日参照)。

(23) ノースショア日本語学校とシドニー日本語土曜学校に関しては、海外子女教育振興財団からは在外教育施設として位置づけられている。しかし前者のウェブサイトを見る限り、実際に行われているのは継承日本語教育(後述)が中心のようである。また確認できる限り唯一、日本の学校の国語の教科書を主に使用していた後者においても、生徒の大半を占める永住者の子どもの継承語としての日本語習得のニーズに合わせるために授業を工夫している。シドニー日本語土曜学校関係者からの聞き取り(二〇一五年一月三一日、シドニー)。

(24) 前掲、「在豪日本人永住者と多文化主義――シドニーにおける日本語コミュニティ言語教育の発展」(前掲、『オーストラリアの日本人――過去そして現在』一二三～一二四頁。)

(25) ニューサウスウェールズ州プレイグループ協会ウェブサイト (http://www.playgroupnsw.org.au/AboutUs/Whatisaplaygroup 二〇一七年五月一日参照)、また二〇〇八年十二月当時プレイグループ・ニューサウスウェールズの理事であったA氏（本文参照）から提供された資料より。

(26) 塩原良和「就学前児童支援と移住女性へのエンパワーメント――シドニーの日本人永住者によるプレイグループ活動の発展」(渡戸一郎編者代表、塩原良和他編著『変容する国際移住のリアリティ――「編入モード」の社会学』ハーベスト社、二〇一七年、六一～七五頁。)

(27) ニューサウスウェールズ州プレイグループ協会ウェブサイト (http://www.playgroupnsw.org.au/Playgroups1/PlaygroupSupport) および (http://www.playgroupnsw.org.au/Membership/MembershipBenefits) (ともに二〇一七年五月一日参照)。

(28) 全豪プレイグループ協会ウェブサイト (http://www.playgroupaustralia.com.au/nsw/go/find-a-playgroup 二〇一五年二月十三日参照)。

(29) 以下、二〇〇八年九月から二〇一五年二月にかけて複数回実施したA氏へのインタビューの内容に基づく。

(30) 前掲、「多文化主義国家オーストラリア日本人永住者の市民意識――白人性・ミドルクラス性・日本人性」(前掲、『多文化交差世界の市民意識と政治社会秩序形成』一五六～一五七頁。)

(31) 前掲、「在豪日本人永住者と多文化主義――シドニーにおける日本語コミュニティ言語教育の発展」(前掲、『オーストラリアの日本人――過去そして現在』一二八～一二九頁。)

(32) 同前。

(33) 以下、二〇一一年八月から二〇一六年三月にかけて複数回実施したB氏からの聞き取りに基づく。

(34) 二〇〇七年九月から二〇一六年一月まで複数回実施した同団体関係者へのインタビューや、同団体のイベントに参加した際に得た情報に基づく。

(35)「ルポ　原発問題を考える」(http://nichigopress.jp/category/interview/genpatsu/　二〇一七年五月一日参照)

(36) 前掲、「在豪日本人永住者と多文化主義――シドニーにおける日本語コミュニティ言語教育の発展」(前掲、『オーストラリアの日本人――過去そして現在』)

(37) 前掲、「『根のあるコスモポリタニズム』へ――グローバル化時代の試練と新たな希望」(前掲、『社会的分断を越境する――他者と出会いなおす想像力』)

都市を元気にする仕掛け
――サステイナブル・シティに向けて――

福田　知弘

持続可能な都市や地域社会を実現するには、ワクワクするような仕掛けをタイミングよく導入しながら、街の魅力を創造していく必要がある。元気な人々が集まってくれれば、都市や地域社会は活気を取り戻していく。本章では、地域の宝に光を当てながら、市民の目線で継続的に取り組まれているプロジェクトを紹介していきたい。

一　メルボルン

世界で最も住みやすい都市

メルボルンは、英国誌・エコノミストの調査部門エコノミスト・インテリジェンス・ユニット（EIU）が発表する「世界で最も住みやすい都市」のランキングで、七年連続第一位を獲得した都市である[1]。このランキングは、世界中の百四十都市を対象として、安定性、医療、文化、環境、教育、インフラなどの項目を基に住みやすさを数値化したものである。メルボルンは、ヴィクトリア州の州都であり、ロンドン、ニューヨーク、パリに次ぐ多さで世界中の学生が学ぶ学術研究都市、街路樹や緑豊かな公園が点在するガーデンシティ、全豪オープンテニスをはじめとする世界的な文化スポーツイベントの開催都市など様々な顔を併せ持つ都市である（写真一）。また、大都市でありながら、高層ビルが立ち並ぶ中心業務地区・シティ（CBD: Central Business District）は約二キロメートル四方と意外にコンパクトであり、シティから世界有数の名門大学であるメルボルン大学へはトラム（路面電車）に乗って約十分でたどりつける近さである。

二〇一三年におけるメルボルンの人口は約四百三十万人であり、オーストラリアではシドニーに次いで二番目に大きな大都市圏を有する。メルボルンに行ってみたい、メルボルンに住んでみたい、メルボルンで芸術活動をしたい、メルボルンでビジネスをしたい、メルボルンにある大学で学びたい、と国内外の人々を惹きつけている。そのため、多くの移民や他州転入者を迎えることになり、人口は過去十年間、オーストラリア国内で最も増えている。

このようなメルボルンの魅力は、移民を前向きに受け入れてきたマルチカルチャー気質が基になっているが、特に近年、都市を元気にする仕掛けを考え、そのための政策を積極的、かつ、きめ細かく実行されてきた成果のようにも思える。

写真１　フリンダース・ストリート駅（筆者撮影）

中心市街地の活性化

現在のメルボルンの様子からは中々想像しがたいのだが、一九八〇年代、メルボルンは他の多くの都市と同様に、中心市街地の衰退を経験した。そのため当時の市政府は、市民の意見を聞いた上で、一九八五年に「ポストコード三〇〇〇」と呼ばれる中心市街地の再活性化プロジェクトに着手した。これは、中心市街地が「人々のための場所」となることを目指したものである。中心市街地の人口回帰を目指して、中心部の住宅開発に有利になるように、建築や計画に関する規制が改正された。また、事務所ビルから住宅へのコンバージョンが進められた。

一方、単に住宅を増やしても人々は中心市街地に戻ってこない。街には魅力が必要である。楽しいと思える装置が必要である。そこでメルボルン市政府は、魅力的な街とするための資源として、市街地に点在する迷路のような裏道に目を付けた。裏道は幅の狭い路地空間であり、当時はエアコンの室外機やごみ箱など雑多なものが占領していた。そこで、路面に面した壁面を整備し、カフェなどを誘致して、人々のための空間としていくことで、人々が長居したくなる、親しみやすい通りに作りかえていった。裏道は、ヒューマンスケールの空間であり、日陰になっているので、一年を通じて安定的で快適な空間となる。

都心部の数的変化を見ておこう。一九八二年、住宅は二百四世帯、屋外カフェはわずか二軒であった。一九九二年、住宅は七百三十六世帯、屋外カフェは九十五軒となった。そして二〇〇二年、住宅は六千九百五十八世帯、屋外カフェ三百五十六軒となった[2]。

現在、裏通りを歩けば、様々な場所でカフェ文化を楽しむことができる。それぞれのストリートにはヒューマンスケールの個性的な店舗が並んでおり、そぞろ歩くだけでも楽しい。例えば、シティにある、センター・プレースやデグレーブス・ストリートでは、狭い路地沿いにもパラソルが並びオープンカフェとなっている（写真二）。シティの北に位置するカールトン地区のライゴン・ストリートは、メルボルン大学の近くにあって、イタリア料理店が多い。フィッツロイ地区のブランズウィック・ストリートのコーナーには必ずオープンカフェが立地している。古びたホテル一階のカフェも人気である。シティの南東に位置するサウスヤラ地区のチャペル・ストリートも洒落ている。

写真二　センター・プレース
（筆者撮影）

パブリックスペースづくり

シティの南端に位置する、フリンダース・ストリート駅の向かいにあるのが、フェデレーション・スクエア（写真三）。メルボルンには長らく広い公共広場がなかったが、人々の集える場所として計画され、二〇〇二年にオープンした。設計はコンペで選ばれた、LAB Architecture Studio による。フェデレーション・スクエアは、シティとヤラ川との接点に位置しており、再開発にあたって、これまで分断されていた両者を結ぶような施設配置が計画された。特徴的な意匠の建物が、中央の広場を囲むように点在している。多様なフェスティバル、マーケット、映画の上映会など、年間二千件を超えるイベントが開催されており、常に「何かやっている」という雰囲気を醸し出しているため、人々は「今日は何があるか行ってみようか！」と繰り出すことになるのだ。ビジターセンターに入れば、メルボルン、そして、ヴィクトリア州に関する観光や街の情報を得ることができる。パンフレットの充実ぶりはすごい。

中心市街地の魅力アップのためには、新しい施設を導入するだけでなく、既にある地域資源を大切に使いこなすことも重要である。シティにある、ヴィクトリア州立図書館のオープンは一八五四年と大変古いのだが、今なお現役の図書館として活躍している。蔵書数は百五十万冊を誇る。一八五四年といえば、日本では日米和親条約を結んで鎖国が終わった年である。例えば大阪府立中之島図書館は、一九〇四年にオープンした歴史ある重要文化財の建物であり、こちらも未だに現役の図書館であるが、ヴィクトリア州立図書館はさらに五十年先輩である。王宮を思わせる立派な建物の内部は、四階から六階までが吹き抜けになった開放的な

写真３（右）フェデレーション・スクエア
写真４（左）ヴィクトリア州立図書館（いずれも筆者撮影）

つくり。夜になるとファサードはライトアップされ、大勢の人が図書館前の広場でくつろいでいる（前頁写真四）。

水辺の再生

水と緑は、都会の中で貴重な自然である。メルボルンでは、シティの南端をヤラ川が流れている。ヤラ川沿いは、かつて、鉄道の線路、倉庫、港湾施設などがあって、街と川が分断されていたのだが、現在は市民にとっての貴重な親水空間となっている。川幅は百メートルほどであり決して大きな河川ではないが、ヤラ川を貴重な街の資源として捉えることにより、街が徐々に川を向くようになった。フェデレーション・スクエアの地盤でもある堤防らしき構造物にカフェが併設されており、その向こうにはヤラ川に面して気持ちのいいオープンスペースが広がっている（写真五）。川の見え方や使い方は、地盤の高さや川との距離感の違いによって異なるものだが、状況に応じて楽しめるように細やかに工夫されている。

写真５　ヤラ川沿い（筆者撮影）

メルボルンは海も近い。シティからビーチの広がるセントキルダ地区へは、六キロメートル足らずである。さらに何と、ビーチまではトラムでアクセスできるのだ。マリーナでは、ボートに乗り込んで魚釣りに出かける人々が多数見られた。また、ここからシティ方面を望む風景が気持ちいい（写真六）。四百三十万人を有する大都市でありながら、ダウンタウンからビーチがこの近さとは、羨ましい限りである。

写真６　セントキルダ地区（筆者撮影）

質の高い公共交通

メルボルンの公共交通のシンボルは、といえば、何といってもトラムであろう。一八八五年に開業したトラムは、現在、路線網は二百五十キロメートル、系統数は二十四、停車場数は千七百六十三であり、メルボルンの街を縦横無尽に走る、世界最大規模のネットワークである。軌道の約八割は、車道上を走行する併用軌道である。トラムの平均速度は時速十六キロメートル、中心業務地区では時速十一キロメートルである。トラムは毎日二十時間以上運行され、一週間に三万千五百のトラムが運行され、二〇一三年の年間乗客数は一億七千六百九十万人であった（写真七）。

約五百あるトラムの種類は様々であり、街なかを移動するシンボルとして活躍している。シティ・サークル・トラムは、あずき色の古い車体が目印で、シティの外周を循環している。一周約三十～四十分程度、無料であり、初めてメルボルンを訪れた人でも、気軽に利用できる。低床式車両は比較的早い時期に導入されており、二〇〇一年にアルストム・トランスポール社の「シタディス（Citadis）」、二〇〇二年にシーメンス社の「コンビーノ（Combino）」が導入された。

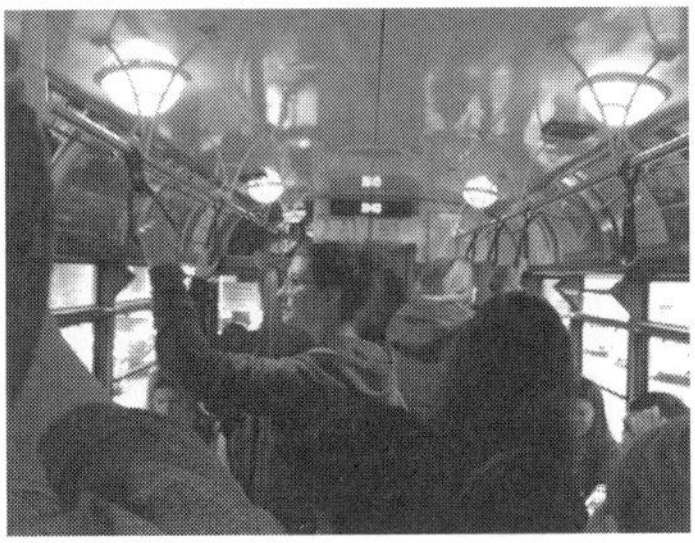
写真７　旧型トラム車内（筆者撮影）

運行業務は以前、州政府が直接経営していたが、現在は、民営のヤラトラム社（Yarra Trams）が全て行っている。この母体は、トランスデヴＴＳＬ社であり、トランスデヴ社とトランスフィールドサービス社が五十パーセントずつ出資したジョイントベンチャーである。トランスデヴ社は、フランスの民間公共交通会社であり、十九ケ国で公共交通の運行を行っている。トランスフィールドサービスは、オーストラリアのインフラストラクチャの維持管理サービスを行っている企業である。このように、地域の公共交通の運営もまた、国際化の時代である。

シティのトラム乗り場は、交差点毎にあり、停留所で待ってトラムが止まった時に乗車する。筆者は最初、乗り方がよく分からずトラムが過ぎ去っていくのを見守るしかなかったのだが、地元の人々の乗り方を見様見真似でトライすることができた。メインストリートのひとつ、バーク・ストリートは、トランジットモール化されている。歩道と車道の段差はなく、トラムが通行しない間、道路は人のための広場になる（写真八）。

　このように一定の水準で世界最大規模のトラムネットワークが整備、運用されてきている。現在はさらに、利用者に優しい整備が進められている。トラムの乗降がスムーズにできるよう、停車場と乗車口の段差の解消が進められている。既に三百九十停車場が改善された。また、シティを走るトラムは二〇一五年元旦よりすべて無料となった（Free Tram Zone）。トラムの運行状況を利用者がリアルタイムに把握できるアプリも開発されており（tramTRACKER）、利用者は自らのスマートフォンで利用できる。

　他の優れた公共交通としてバスを紹介しておきたい。飛行機でその街にはじめて来た利用客にとって、空港から利用する交通手段は、その街の第一印象を左右する。メルボルン・タラマリン空港から市内へは約二十キロメートルであり、スカイバスという空港シャトルバスが非常に便利である。このバスは二十四時間運行しており、午前六時から深夜〇時までは十分おき、他の深夜の時間帯でも三十分以内おきに運行している。二階建ての大型バスで空港からシティ西端のサザンクロス駅まで行き、ここで、スカイバスのミニバスに乗り換える。ミニバスは、大抵のホテルまで送迎してくれるというサービス水準である。バスの車内はＷｉＦｉが完備してあり、インターネットにアクセスできる。

写真８　バーク・ストリートのトランジットモール（筆者撮影）

　コンパクトシティは、経済発展と環境保全の両立に向けて、郊外への拡大を抑制しつつ、都市の中心部に機能を集約することを目指した都市政策である。メルボルンは、その先行事例として、パリ、ポートランド、バンクーバー、富山と並び、ＯＥＣＤの報告書に紹介されている[3]。二〇〇二年にはヴィクトリア州が「メルボルン二〇三〇」を発表し、二〇〇八年にはこれを補完する制度「メルボルン@五百万人」計画を発表している。これまで述べたように、中心市街地が魅力あふれるエリアに生まれ変わってきた現在、次は郊外をどうするかといった検討が進められているようだ。「二十一世紀は都市の時代」と言われるが、メルボルンの政策、人口増加、そして発展の様子は、まさに都市の時代が始まっていることを体感させてくれる。

メルボルン大学

筆者はこれまで、メルボルンへ二回訪問したことがあり、主な行先は、いずれもメルボルン大学であった。直近は、ＣＡＡＤＲＩＡ二〇一六国際会議（CAADRIA: Computer-Aided Architectural Design Research in Asia: 建築都市分野のデジタル設計に関する国際学会）であり、二〇一六年四月に訪問した。

学会場となったメルボルン大学デザイン学部の建物は、近年リニューアルされて、とても斬新になった。古くなった二つのビルをリノベーションして、ひとつの新しいビルが完成した。建物内部には、マレーシア・シアター、シンガポール・シアター、和室など、オーストラリア以外の国々の部屋が備えてあり、メルボルンのマルチカルチャーらしさが窺える。二階のアトリウムは開放的な空間であり、まず、シンボリックな木製オブジェが目に飛び込んでくる（写真九）。オブジェといっても、その内部は機能的なミーティングルームである。このアトリウムは開放的であり、学生たちがあちらこちらの机で熱心に自習している風景を眺めることができる。ＣＡＡＤＲＩＡ二〇一六学会の閉会式と表彰式はこのアトリウムで行われ、実に気さくな雰囲気で進められた。世界中から集まった研究者や学生たちが学会を振り返りながら、次に向けて交流を深めるのにふさわしい

写真９（右）メルボルン大学デザイン学部棟
写真10（左）ＣＡＡＤＲＩＡ二〇一六・クロージング（いずれも筆者撮影）

場であった（前頁写真十）。

ヤラ・バレー

ＣＡＡＤＲＩＡ二〇一六学会のエクスカーション（研修旅行）はメルボルンから東へ六十キロメートルほど離れたヤラ・バレーへ。文字通り、メルボルン都心へ流れ込むヤラ川の中流域にあたる。メルボルン通のメンバーが企画してくれた。

ヒールズヴィル・サンクチュアリは、コアラ、カンガルー、ワラビー、ウォンバット、カモノハシ、ディンゴ、タスマニアデビルなど、オーストラリア固有の動物が飼育されている動物園である。一九三四年にオープン。動物園の中には、オーストラリアン・ワイルド・ライフ・ヘルスセンター（動物愛護病院）が併設されている。動物は園内にほぼ放し飼いにされており、森の中を歩いていると、ロープ一本で仕切られた向こうにカンガルーがいたり、園路を白い鳥が歩いていたり（鳥は人々を全然怖がらず悠然と歩いているが、ちょうどその場に居合わせた幼児は涙が止まらなかった）、スタッフがヘビを腰に巻いてゲストを案内していたりと、動物と人間の距離の近さを感じさせる動物園であった（写真十一）。

写真 11　ヒールズヴィル・サンクチュアリ（筆者撮影）

写真 12　ドミニク・ポルテ（筆者撮影）

次は、二か所のワイナリーへ。ビジターセンターが整ったロックフォード・ワイン（Rochford Wines）と、素朴な感じのドミニク・ポルテ（Dominique Portet）へ。シャルドネ、ピノ、スイートワインなど、テイスティング。丁度、ブドウの収穫期ということもあり、緑が綺麗で、気候も良く、最高の研修環境となった（写真十二）。

二　近江八幡市ＶＲ安土城プロジェクト

ＶＲ安土城プロジェクト

織田信長が築いた安土城は、琵琶湖畔に位置する安土山の山頂付近に天主、そして安土山全域に郭が築かれたとされる（写真十三）。しかしながら、完成からわずか三年で本能寺の変が起こり、安土城は消滅してしまった。安土城を実際に復元することは、これまでに幾度となく話題となってきた。しかしながら、特別史跡内に建物を復元する際には、図面が残っていること、または外観を証明する写真等の資料があること等の条件があり、新たな資料の発見がない限り実物の復元は困難な状況である。また、仮に復元を可能とする学術上の諸条件が整ったとしても、巨額の建設費の捻出等、実現には大きな壁が立ちはだかる。

写真13　安土城跡（筆者撮影）

「安土城を幻のままでは終わらせたくない。」近江八幡市は、文化観光まちづくりの推進のために、ＶＲ（Virtual Reality：人工現実）技術を用いて安土城をデジタル復元する、ＶＲ安土城プロジェクトを二〇一一年より推進してきた[4]。このため、安土町地域自治区地域協議会、安土町商工会、安土町観光協会、安土町観光ボランティア協会、近江八幡市安土町総合支所、近江八幡商工会議所、近江八幡観光物産協会、近江八幡観光ボランティア協会、近江八幡市総合政策部、大阪大学、並びに、ＶＲ関連企業が参画し、官民協働によりプロジェクトを推進してきた。

現在までに完成したアプリは、「ＶＲ安土城タイムスコープ」と「高精度シアター型ＶＲ安土城」である。

ＶＲ安土城タイムスコープ

ＶＲ安土城タイムスコープは、近江八幡市内をまち歩きをしながら、立っている現在位置から安土城の当時の姿を眺めることのできるアプリである（次頁写真十四）。ユーザーは、近江八幡市内の主な地点（安土山大手門広場、安

写真十四　ＶＲ安土城タイムスコープ
（近江八幡市提供）

土城外堀、セミナリヨ跡、安土城考古博物館、安土文芸セミナリヨ、安土やすらぎホール、安土城郭資料館、浄厳院、西の湖畔、八幡山山頂、近江八幡市役所、ＪＲ近江八幡駅）に立ち、安土山に向かってタブレットやスマートフォンをかざすと、安土城が画面上に出現する。安土城創建当時の天主、郭、そして城下町など当時の風景を、三百六十〇度パノラマで現在の風景と見比べつつ体験できる。アプリは、ｉＰａｄ、ｉＰｈｏｎｅ、Ａｎｄｒｏｉｄ端末でダウンロードできる。東京や大阪など近江八幡市内以外の場所であれば、ひとつの地点のコンテンツのみ、お試しで体験することができる。これは、近江八幡市に実際に足を運んで見てほしい、という想いからである。

ＶＲ安土城タイムスコープを制作していた二〇一三年、偶然ながら、映画「劇場版タイムスクープハンター安土城・最後の一日」が公開されることになった。この「タイムスクープハンター」は元々ＴＶ番組が始まりで、主人公である未来からやってきた時空ジャーナリストが歴史のあるシーンを密着取材するというドラマ風のドキュメンタリーである。そして今回映画化される舞台として、安土城が選ばれたのである。

映画は、歴史を扱いつつもＳＦ風であるため、ＶＲ安土城のコンセプトと適合していることから、ＶＲ安土城タイムスコープのタイムスクープハンター版を作ろうという話になり、映画関係者とコラボレーションすることになった。制作したアプリは、ＶＲ安土城タイムスコープのパノラマ画像中にワープした時空ジャーナリストを発見してタップすれば、映画の特別映像が鑑賞できるというものである。

高精細シアター型ＶＲ安土城

高精細シアター型ＶＲ安土城は、大型スクリーンに高解像度のＶＲ映像を投影して、ゲームのコントローラーで操作しながら天主内部、外部、城郭、城下町などの安土城空間を自由に行き来することができるアプリである。信長や秀吉、あるいは鷹の視点など、様々な視点から安土城を体感することができる。ユーザーは、朝日に輝く天主、夏の日差しが照り付ける琵琶湖、金色の夕焼けに染まる城下町、満月と提灯で浮かび上がる安土山、と異なる四つの時間帯を選んでＶＲ空間内を散策できる（写真十五）。

一方、このＶＲデータを基にして、創建当時の安土城を舞台としたショートムービー「絢爛・安土城」を制作している。このあらすじは、信長の人生の集大成とも言える安土城をフロイスの視点から次のように描いたものである。

「天正九年の夏、完成した安土城に呼ばれたポルトガル人宣教師ルイス・フロイス。安土城の総棟梁を務めた岡部又右衛門に城内を案内され、信長の待つ天主へと向かう。豪華絢爛に作られた安土城天主に目を見張るフロイスは、最上階から金色に染まる城下町を眺め、信長の力の強大さに畏怖の念を覚えるのであった。」

完成した高精細シアター型ＶＲ安土城を市民に披露するため、二〇一四年春、完成報告会を二度開催した（写真十六）。いずれの回とも、四百席近くある文芸セミナリヨの客席が埋まったことに市民の関心の高さが窺えた。報告会では、まずショートムービーを上映して、次に、歴史やＶＲの専門家、観光協会の担当者、市民を交えてパネルディスカッションを行い、安土城を丁寧に解説したり、安土城への想いを語ってもらった。また、観客に呼びかけて登壇してもらい、信長になった気分でＶＲ安土城を操作してもらった。イベントが終わり、アンケート結果をまとめたところ、大変好評であり、常設シアターを設置してほしいとの要望も多く書かれていた。そこで、二〇一五年、安土城天主・信長の館に常設シアターをオープンした。

写真 15　高精細シアター型ＶＲ安土城天主復元案 内藤昌氏監修　制作 凸版印刷株式会社（近江八幡市提供）

写真 16　市民報告会（近江八幡市提供）

ＶＲ安土城プロジェクトは、文化観光まちづくりのために、地域の宝である安土城を、ＶＲ技術で光を当て直した事例である。より良い実現のために、試行錯誤しつつ知恵を絞って推進してきた。例えば、ＶＲ安土城の制作段階、そして、運用段階において、一部の専門家のみならず、近江八幡市内外の地域組織や一般市民が主体的に参画している。また、ＶＲ安土城の運用をはじめるとコンテンツや機材の更新作業が適宜必要となる。そのような背景もあり、近江八幡市では使用料条例を定めた。つまり、ＶＲ安土城高精度型システムを、出版物や印刷物、テレビ放送、ＤＶＤなどのデジタル記録媒体、講演会、上映会などで利用する際には、一定の使用料を徴収している。

三　境港市水木しげるロードリニューアルプロジェクト

水木しげるロード

鳥取県境港市の水木しげるロードは、ＪＲ境港駅から水木しげる記念館のある本町アーケード商店街までの延長約八百メートルの道路と沿道の店舗などで構成されている。一九九二年、衰退していく商店街の活性化を目指して、境港市出身の漫画家水木しげるの代表作である「ゲゲゲの鬼太郎」に登場する妖怪などのブロンズ像を歩道内に設置し、親しみの持てる街路としての整備が開始された（写真十七）。

写真17　ブロンズ像
（筆者撮影・© 水木プロ）

その後も「妖怪」をテーマにまちづくりを続ける中で、二〇〇三年には「水木しげる記念館」がオープン、「妖怪のまち」としての人気が定着してきた。さらに、「ゲゲゲの鬼太郎」のアニメ、映画、そしてドラマ「ゲゲゲの女房」の大ヒットにより、二〇一〇年には過去最高となる三百七十二万人が水木しげるロードを訪れた。境港市の人口は約三万四千人であるから、百倍を優に超える人々が来訪したことになる。その後も、年間二百万人前後の来訪者で推移している（写真十八）。

水木しげるロードのシンボルであるブロンズ像は、当初二十三体でスタートしたが、年々その数を増やし、現在は

写真18　ゴールデンウィークで賑わう水木しげるロード（境港市提供）

百五十三体までになった。また、沿道の多くの店舗では、妖怪に関連するグッズやお土産を販売しており、妖怪の着ぐるみキャラクターも毎日登場して、「無料のテーマパーク」として賑わいをみせている。

　境港市の宝である水木しげるロードの賑わいを将来に渡って維持するために、二〇一三年、市長がリニューアル事業の着手を宣言した。「誰もが訪れたくなるおもてなしとエンターテインメントのロードづくり」を基本理念として、「妖怪の魅力を堪能できる世界で唯一のロード」、「車が主役の道から人を大事にする道」としてリニューアルを実施することが決定した。

リニューアル設計と社会実験

　二〇一四年度より、基本計画および基本設計の策定に入った。基本構想を具現化するために、主に次の内容となった。

- 歩道：誰もが安心して安全に歩ける歩道とするために、車道を一方通行化して、さらに道路線形を蛇行させることで、変化に富む広い歩道空間を確保する。
- 滞留スペース：拡がった歩道には、歩行者に楽しみながら休んでもらうため、多くの滞留スペースを設ける。この滞留スペースを活用して、ミニイベントの実施を計画する。
- 交差点：バリアフリー化を進めるため、交差点部分の車道の高さを歩道の高さに揃えて、歩道と車道の段差を解消する。
- ブロンズ像の配置：ブロンズ像は追加設置を重ねてきた結果、テーマ性のないバラバラな配置となっている。さらに、訪問者の楽しみのひとつであるブロンズ像との記念撮影への配慮に欠けた配置となっている。そこで、「水木マンガの世界」、「神仏吉凶を司る妖怪」などのグループに分け直して、拡がった歩道上に再配置する。記念撮影がしやすいように、ブロンズ像の向き、間隔、背景なども考慮する。さらに、ブロンズ像を新たに十八体設置することで、リニューアル完成後は百七十一体となる。

・街なみの整備：水木作品で描かれた昭和の町並みなどをテーマとして、統一感のある街なみの整備の推進を目指す。

・夜間照明演出：水木しげるロード全線に渡り、これまでにない様々な仕掛けを施した夜間照明演出を実施する。

　二〇一五年度には、詳細設計と並行しながら、リニューアルプロジェクトの内容を最大限に盛り込んだ社会実験を実施した（写真十九）。これは、リニューアルによる効果を検証すると共に、得られた結果を詳細設計に反映させて、地元住民の方などとの合意形成を図るためである。

・道路空間の再配分調査：車道を二車線から一車線に変更して、歩道を拡げる。拡がった歩道には、歩行者の滞留スペースを確保して賑わいを創出する。自転車通行帯を設けて、歩車分離を図る。

・一方通行等調査：区間内は一方通行として、う回路を設定する。車道には、スラローム、ハンプ、狭さくを設けて、車両の速度低減を図る。沿道商業施設には、必要な荷捌きスペースを確保する。

・賑わいの創出：拡幅した歩道の滞留スペースの一部に人工芝を敷き、ミニイベントを実施する。その他の滞留スペースにはテーブル、ベンチを設置して、休憩場所として活用する。車道と歩道の仕切りには花のプランターを設置する。

写真 19　社会実験の様子（境港市提供）

ＶＲ制作

二〇一六年度は、社会実験の結果を受けて工事着工に向けて詳細設計をさらに詰めると共に、固まりつつある水木しげるロードの将来像を沢山の人々に周知する必要があった。このような周知を行うツールとして、図面、模型、パースなどを用いることが一般的だが、これまで蓄積してきたリニューアルプランを、できるだけ具体的にそして対話的に見せるために、ＶＲを制作することになった。ＶＲであれば、説明を聞いた市民の要求にその場で数多く応じることが可能であり、利害関係者の間に対話が生まれ、合意形成につながりやすいツールであると考えられたからである。筆者は、このＶＲを作る段階からプロジェクトに関わり、ＶＲ制作に係る統括、設計、演出等を境港市と協働しながら進めた。

制作過程において最大の課題は、現存する百五十三体の三次元デジタルブロンズ像の作成であった。通常、三次元モデルを作成するには、ＣＡＤ（Computer Aided Design）やＣＧ（Computer Graphics）のソフトウェアを用いるが、現状のブロンズ像を採寸し、その複雑な形状をこれらのソフトウェアで正確に入力するには、手慣れたＶＲ制作者であっても多大な労力と手間を必要とする。当然、コストも上がる。そこで、筆者らが研究中のＳｆＭ（Structure from Motion）技術を応用して、それぞれの妖怪ブロンズ像をあらゆる角度から撮影した写真群を入力画像として、その入力画像から三次元モデルを自動的に作成する方法を採用した。

制作したＶＲは、九月に開催された地域活性化イベント「怪フォーラム二〇一六ｉｎとっとり」で、大勢の事業関係者、市民らに披露された。その後も、地元説明会、地元小学校への出前授業で使われている（写真二十）。

写真20　ＶＲで描いた水木しげるロード完成イメージ（制作 境港市・大阪大学・フォーラムエイト株式会社・© 水木プロ）

水木しげるロードリニューアル工事は、二〇一七年に着工し、二〇一八年七月の完成を目標としている。工事期間中も水木しげるロードを楽しんでいただけるよう、工事区間以外のブロンズ像は通常通りとする他、ＪＲ境港駅前公園にて工事期間限定の特別展示を実施している。

注

(1) The Economist Intelligence Unit, A Summary of the Liveability Ranking and Overview, 2017, (https://www.smh.com.au/cqstatic/gxx1l4/LiveabilityReport2017.pdf　二〇一八年二月二十六日参照）

(2) ヤン・ゲール、ビアギッテ・スヴァア（著）、鈴木俊治、高松誠治、武田重昭、中島直人（翻訳）『パブリックライフ学入門』鹿島出版会、二〇一六年、一四〇～一四一頁。

(3) OECD,Compact City Policies: A Comparative Assessment (Japanese version), 2013.

(4) 近江八幡市『バーチャルリアリティ安土城プロジェクトについて』(http://www.city.omihachiman.shiga.jp/contents_detail.php?frmId=7776 二〇一六年十一月二十五日参照）

演劇における環境のサステイナビリティ

佐和田　敬司

一　はじめに

本章では、現在オーストラリアの演劇界で、環境のサステイナビリティについてどのような取り組みがなされているのかを紹介する。環境のサステイナビリティについて、劇団・劇場単位での取り組みを（たとえしていたとしても）あまり社会にアピールすることのない日本の現状とは対照的に、オーストラリアでは劇団・劇場が率先して、環境のサステイナビリティに対して取り組み、その成果や将来の目標を大きく掲げている。まずオーストラリアでメインストリームと言える大規模な劇団、劇場、上演プロジェクトにおける、そのような取り組みに触れる。次に、そのような劇団・劇場で上演される演劇作品が、どのようにサステイナビリティをテーマとして取り込もうとしているのかについて、二つの例をあげながら探求してみたい。

二　劇場のサステイナビリティ

シドニー・シアターカンパニー（ＳＴＣ）

シドニー・シアターカンパニーは、オールド・トート・シアターカンパニーを前身として一九七八年に設立された劇団である。ウォーフ劇場は、シドニーのウォルシュ・ベイに、一九一九年に建設された埠頭であった。埠頭に停泊した船に乗せるカーゴを収容するための倉庫であった建物は、ニューサウスウェール州政府が三百五十万ドルを投じて一九八四年までに、外観を大きく変えることなく内装を改造し、一九八五年にシドニー・シアターカンパニー専用劇場としてオープンした。ウォーフはそれぞれ三百三十九席、二百五席の二つの劇場を擁している。また、シドニー・ダンスカンパニー、オーストラリア青少年劇場（ATYP）、バンガラ・ダンスカンパニー、シドニー・フィルハーモニア合唱団など、オーストラリアを代表する舞台芸術のカンパニーも、ウォーフに拠点を置いている。

シドニー・シアターカンパニーは二〇〇八年から二〇一二年まで、アンドリュー・アプトンと、アカデミー賞受賞女優であるケイト・ブランシェットが連名で芸術監督を務めた（二〇一三年から二〇一五年まではアプトンが単独の芸術監督）。アプトンとブランシェットの芸術監督時代に、シドニー・シアターカンパニーはウォーフ劇場のサスティナビリティへの対応に力を入れる。ブランシェットは環境保護主義の活動でよく知られており、シドニー・シアターカンパニーのサスティナビリティへの取り組みは、ブランシェットという「顔」を得て、社会における大きな注目を集めた。ブランシェットが芸術監督に就任する前年の二〇〇七年に劇団は、「ウォーフ劇場グリーン化」（Greening The Wharf）プロジェクトを立ち上げた。「文化遺産登録されているウォーフを、二十一世紀のサスティナビリティ実践の影響力を持った実践例」とすることを、劇団は目的に掲げる[1]。劇団が、大規模な観客数と国際的な評価をてこにして、演劇界や他劇団、学校、観客などに気候変動についてのアクションを伝えることができる特権的地位にあることが、このような活動の理由である[2]。

エネルギー、水、廃棄物、そして演劇公演についてのグリーンな設計という四つの柱を立てた。エネルギーについては、ウォーフ劇場の屋根に千九百六枚のソーラーパネルを設置し、照明、換気、エアコン、舞台装置の機械、オフィス、稽古場、劇場など、劇団が使用する電力をまかなう。また、国内で三番目の大きさのソーラーシステムと、雨水利用システムに投資をした[3]。

劇団はプロジェクト開始から毎年成果をホームページに掲載している。二〇〇七年から二〇一五年の間に、自家発電以外の電力消費を五十・九パーセント削減、水野使用量を七十一・三パーセント削減したのを始め、ガス使用量、温室効果ガス発生量の削減、廃棄物のリサイクル率の向上などの成果を示した。そして「ウォーフ劇場グリーン化」プロジェクトの規模の大きさによって、劇団は舞台芸術におけるサステイナビリティのグローバルリーダーになったと宣言した(4)。

シドニー・オペラハウス

シドニー・オペラハウスは一九五七年に国際コンペティションによってデンマーク人建築家のヨーン・ウッツォンのデザインが選ばれ、一九七三年に公式にオープンした劇場である。その後シドニーはもとより、オーストラリア全体のアイコンとして知られるようになり、二〇〇七年にはユネスコの世界遺産に選ばれることで、世界的に誰もが注目する劇場として今日に至っている。

そもそもシドニー・オペラハウスを設計したヨーン・ウッツォンのデザインが自然に大いにインスパイアされたものであると言われている。また時代に先駆けて考案された海水を使ってエアコンディショニングをするシステムは、現在でもオペラハウスの空調に活用されている(5)。

シドニー・オペラハウスは、二〇一〇年に最初の環境サステイナビリティ計画を立ち上げ、計画に基づき様々な試みを行ってきた。二〇一五年にはグリーン・ビルディング・カウンシル・オブ・オーストラリア（ＧＢＣＡ）から四つ星グリーン・スター・パフォーマンスを受賞した。グリーン・ビルディング・カウンシル・オブ・オーストラリアとは、二〇〇二年、建築物やコミュニティの環境におけるサステイナビリティを推進する目的で設立された非営利業界団体である。その最も大きな役割が、二〇〇三年から開始されたグリーンスターによる格付けで、レストラン、スーパーマーケット、複合施設など様々な建築物に対して、環境的にサステイナブルなデザインと建築であるか、建物内にいる人の健康や、生産性、使用に関わるコスト削減などが考慮に入れられる。一つ星が最低限の実践、二つ星が平均的な実践、三つ星が良い実践、四つ星は最高の実践となる(6)。

劇場への交通のサスティナビリティも評価された。劇場内に駐輪場、ロッカー、シャワー室を提供することで、かなりの数の劇場スタッフは徒歩、自転車、公共交通機関を使って通勤できる環境を整えたという。またシャトルバスの運行を行うことで、観客の公共交通機関利用を促している[7]。

シドニー・オペラハウスは、コンサートホール、ジョーン・サザーランド・オペラシアター、プレイハウス、シアター、スタジオからなる複合舞台芸術施設である。そのうちコンサートホールについて、二〇一四年にホールの照明をサスティナビリティに配慮した形でエネルギー使用の削減と、出演者観客双方にとっての会場での体感向上のための改修を実施した。具体的には、ＬＥＤに変更した。それまでのランプは三百から千時間しかもたず、一年に数回とりかえる必要があったが、新しいランプは五万時間使用可能で、九年に一度取り替えるだけで良いという。さらに、ステージ、客席、そして舞台上の照明のための新しいコントロールシステムを導入した。その結果、一年間で七十五パーセントの電力消費を削減し、照明を付け替えるスタッフの労力を減らし、追加のつるし照明を導入するコストなしに、照明効果を行うことができるようになり、エアコンの配管を大量に取り除くことができた。これらの取り組みにより、二〇一四年、二〇一五年にニューサウスウェールズ州政府グリーングローブ賞を受賞した[8]。

十日間を通してシドニー・オペラハウスで行われる世界最大級のポピュラーミュージックのフェスティバル・イベントであるヴィヴィッド・ライブでは、二〇一一年からカーボンニュートラル（排出される二酸化炭素と吸収される二酸化炭素が同じ量である）を提唱している。オペラハウスの名物であるライトアップを含めて、使われる電力を百パーセント再生可能エネルギーでまかなうこと。アーティストの輸送手段を低燃費のものにすること。観客やアーティストが残した食物は、オズ・ハーヴェスト（余剰の食物を必要としている人々に配給することを目的とした団体）に寄付する。再利用可能な水筒を全アーティストに配布し、六千本分のペットボトルを不要にする[9]。これらの試みに加えて、二〇一六年の同イベントに向けて、スタッフはカーボンニュートラルを実現するために千本の樹木を植えた[10]。

オペラハウスは、二〇二三年のオペラハウス開設五十周年に向けて、ＧＢＣＡの五つ星認定（国内最優秀を意味する）の取得、操業で生じる廃棄物のリサイクル率を八十五パーセントにするという目標を掲げている[11]。

ライブ・パフォーマンス・オーストラリアは国内のあらゆる舞台芸術に関わる団体が加盟する組織であり、この組織が毎年選ぶヘルプマン賞は舞台芸術の国内最高権威といえる賞である。ライブ・パフォーマンス・オーストラリアは舞台芸術におけるサスティナブルな実践についての情報を「エネルギーの効率化を通したよりグリーンなライブ・パフォーマンス」というサイトを設けて、紹介している。その実践例として紹介されたのが、ミュージカル『キングコング』である[12]。

『キングコング』――大規模な商業演劇におけるサスティナブルな実践

二〇一三年にメルボルンのリージェント劇場で初演された『キングコング』は、見せ物としての要素を肥大させて、英米において完成されたミュージカルというジャンルを攪乱させた異色の作品である。一九六〇年代末まで文化的植民地とも言うべき状態でもっぱら英米の作品の移入に努めていたオーストラリアが、今ではグローバリズムの進展の中で南太平洋の大国として成長し、その経済力・国力の地位に見合う自国の文化芸術をどん欲に求め、またそれらの作品をもって海外へと積極的に進出する状況になったという背景を持った作品である。『キングコング』は、高さ六メートル、重さ一トン以上の巨大なキングコングの人形を中心に据え、百三十人ものキャストとスタッフで創られたミュージカルで、その空前の規模ゆえにここ最近のショービジネス界の話題を独占していた。日本でも上演された舞台版『ウォーキング・ウィズ・ダイナソー』も創っているオーストラリアのエンターテイメント会社、グローバル・クリーチャーズ社の制作である。

この公演では、照明を従来のものと変えることで、サスティナブルな実践が行われた。大規模な人形には大きなスケールの大規模な照明設備が要求されるが、一九二九年に建てられたリージェント劇場では照明のためのスペースが限られており、その代わりに最低限の電力で大きな明かりがとれるＬＥＤ照明が用いられた。一回の上演あたり五百三十三・三キロワットが削減され、八十三パーセントの電力消費削減が可能になった。電力消費も全二百公演で三万ドルが削減できた。さらに、電球も従来の照明では五百時間ごとに交換が必要で、一シーズンごとに五百個の電球が必要であったが、それらの消費がＬＥＤによって大幅にカットすることができた。

三　サスティナビリティと演劇の役割

このように、オーストラリアでは各劇団が、それぞれ環境のサスティナビリティに対して取り組み、それを広く公開することで、環境保全の社会におけるリーダーシップを取ろうとしている。それでは、演劇の内容と、環境のサスティナビリティは、どのように関わってくるのだろうか。

最も分かりやすい例は、演劇の応用的な部分、つまり教育演劇の役割から、ドラマの中にサスティナビリティの考え方を盛り込むという形である。たとえば、オーストラリアの演劇教育に関わる最大の団体「ドラマ・オーストラリア」は、イニシアチブをとり、「アクティング・グリーン」という文書を二〇一一年に発表している。サスティナブルなドラマ、サスティナブルな演劇実践、ドラマを通してサスティナビリティについて教えることは、生徒たちに、自分たちの環境とのつながり、世界におけるつながりを直接理解させる方法であると述べる(13)。

一方で、特にメインストリームの劇団では、商業性、芸術性を重視しなければならないというしばりがある。このしばりの中での、上演作品の環境のサスティナビリティのテーマを盛り込んだ例を考えてみたい。

たとえば、二〇一二年にシドニーのグリフィン・シアターカンパニーが上演した、『二つの波の間で』という作品がある。イアン・ミドウズ作で、サム・ストロングが演出をした。若き気象学研究者で政府の環境アドバイザーもつとめるダニエルは、シドニーを襲った大洪水でパソコンなど研究データの蓄積を失い、保険金を得ようとするなかで保険会社の女性社員グレネルと知り合う。一方三十歳間近の芸術家で政府機関の秘書をしているフィオナとも知り合い同棲する。フィオナの予期せぬ妊娠で、ダニエルは子どもを堕ろすことを提案して彼女との間に溝が起きるが、それもダニエルが、世界に気象学的な破滅が訪れることを予見していたからである。この危機的状況の中、どのように未来を描いて良いのか苦悩し精神が分裂していく様が、その場に同時にいるはずのないフィオナとグレネルという二人の女性との並行的な対話で表される。オーストラリアでの大規模な洪水、さらにもちろん日本の大震災など、壊滅的な災害が多発する世界を背景に、矮小な自身の存在にうちひしがれる現代人の姿を描き出した作品である(14)。

この作品の演出をしたサム・ストロングは、次のように語っている。

「問題提起の芝居は好きじゃないという人がいる。僕は賛成できない。ドラマは、いま、僕たちの周りにある世界と関われるし、関わらなくてはならない。でもそのことは今は関係ない、なぜなら『二つの波の間で』は問題提起の芝居ではないからだ。特に、これは気候変動についての芝居じゃない。むしろ、これは、「側面から」気候変動に到達する作品―この問題についての個人的な、エモーショナルな、想像力に富んだ見方を提供する物語だ。『二つの波の間で』が力強く重要な物語であるのは、親子関係と未来についてのタイムリーであると同時にタイムレス（時代を問わない）な不安感に関わるからだ」(15)。

ここでストロングが強調しているのは、気候変動についての芝居があってしかるべきであると断った上で、しかしこの作品が気候変動を正面から取り上げたものではないと言うことだ。これと同じようなことを、『絶滅』という芝居を書いた劇作家、ハニー・レイソンも言っている。『絶滅』と、レイソンの考えについて、次に見てみよう。

ハニー・レイソン作『絶滅』

『絶滅』(16)は二〇一五年十月に、パースのブラックスワン・ステイトシアターカンパニーによって、スチュアート・ハラウスの演出により初演された。また二〇一六年八月に、メルボルンのアーツセンターで、ナディア・タスの演出により再演されている。

舞台は、ヴィクトリア州ケープ・オトウェイの熱帯雨林にある、野生動物レスキューセンターに、オオフクロネコを車で轢いてしまったハリーが駆け込んでくる。動物の応急に当たったのは若き女性生物学者のパイパーと、このセンターの獣医師アンディだったが、アンディは治療が不可能だとみるや、オオフクロネコを安楽死させる。動物の鼓動が終始聞こえ、それが安楽死の投薬によって弱まり、停止する。観客は、動物の体内にいるような感覚を覚える。

この出来事があった後、大学の研究所を訪れたハリーは、アンディの姉で所長を務めるヘザーに、二百万ドルの金を出し、オオフクロネコを絶滅から救う研究をしてくれと要請する。実はハリーは、オオフクロネコの生息地であるオトウェイを開発しようとする鉱物資源会社パワーハウスのＣＥＯだったのだ。この複雑さは、善悪の二項対立では、環境は守れないのではないかという問いかけをする。そして環境を守る立場か、破壊する立場かという単純なレッテル張りをしがちな我々に、肩すかしを食らわす。

ハリーはこの国で生まれ、この国のことをよく知っている。祖父がこの自然を愛していたのを知っているし、この動物が我が物顔で駆け回っていた時代を知っている。パイパーはアンディと破局したあとすぐに、ハリーとつきあうことになる。ハリーの動物に対する思いは、純粋な心だけでこの動物を救おうとしている若いパイパーとの対照的だが、地に足の着いたハリーの姿に、パイパーは惹かれていく。

しかしハリーは、ばらまかれた怪文書メールによって失脚してしまう。ハリーは、アンディを狂信的な環境保護主義者と見て、自分を失脚させたメールの発信者だと思いこむ。しかしアンディは、パワーハウスと大学の共同事業を妨害するための怪文書メールをばらまくほど、狂信的な人間ではない。むしろアンディは、環境を守るためにはハリー率いるパワーハウス社という「悪」と手を結ぶ手段が必要であることを、どこかで悟っていたのだ。結局、そのメールはハリーの妻が送っていたことが明らかになる。環境についての直情的な正義感の表れかと思われたこのメールが、実はたわいもない妻の嫉妬、悪意から出たものだった。

一方、冒頭で動物の命を奪ったアンディが、死の病に冒されていることが徐々に明かされていく。アンディは「あのとき最後の一匹を俺が殺したのだから」と言い、オオフクロネコがまだ生きていることを信じていない。最後の場面、パイパーとハリーが熱帯雨林の中に仕掛けたカメラに、オオフクロネコの生命力たくましい元気な姿が、スクリーンに大きく映し出される。芝居はここで終わるが、動物のこの姿は、死ぬと決めてかかっていたアンディを励ましたかもしれない。アンディという人間の命に関わる前向きな希望と、この動物の生存への希望が、重なる。つまり、人の命と動物の命の意味をつなげてみせて、きれい事でも、勧善懲悪でもなく、動物を救う、そのために環境を守ることが必要なのだというメッセージを、ここに読み取ることができる。

作者のレイソンは、自らは都会人であり、ヴィクトリア州グレートオーシャンロードのケープ・オトウェイにあるコンサヴェーション・エコロジー・センターに行くまで、オオフクロネコが、自分が生きている間に絶滅するかもしれない動物であることも含めて、何も知らなかったという[17]。その後、アーティストと科学者がそれぞれ出席者の半々を占めるような環境サスティナビリティの大会に出席し、そこでオオフクロネコに出会った。そして、すべての人に死の淵にある種の問題に関わりを持って欲しいと考えた。開かれた対話に関わっている演劇こそが、自分の演劇に関する興味なのだ、とレイソンは言う[18]。

さらに、二〇一六年のメルボルンでのこの作品の再演が始まる時期に、レイソンは自らオオフクロネコ生息の可能性を示す形跡を探しに、熱帯の森へチームと共に入っていたという手記を、新聞に載せている[19]。

空疎な理想論や理念だけでなく、現実の中からドラマの素材を切り出すスタイルを、レイソンは取る。ただしその素材は何らかの思想を直裁的に提示するためではなく、あくまで登場人物に厚みを持たせ、フィクションの世界を広げるためだ。

実際レイソンは、観客を直接的に環境保全や生態系保存の活動に関心を向けさせる意図を持っているわけではないと語っている。

「自分の嫌いな種類の演劇は、通路演劇と私が呼んでいるものだ。それは、長い通路を行くと、その出口に「鉱物採掘を中止し、再生可能資源に転換しなければならない」という看板が立っているような芝居だ。つまり二時間半後に、作品についての経験が最初に見た同じ看板に向かって歩いて行く。そういう演劇の作り方には興味がない」と彼女は言う。そして、『絶滅』にあるテーマは、地球温暖化の時代にあって、私たちがどう生きるべきなのかという問いである、と述べている[20]。

一方この作品は観客にどのように見られたのか。

「ハニー・レイソンの『絶滅』は大人のための教育演劇のように見える。これは悪いことではない。人間の行為によって引き起こされた種の絶滅と気候変動という大きな問題を掲げる芝居を見るのは良いことだ。」(21)という劇評にあるように、レイソンは否定しても、この作品の啓蒙的な部分をクローズアップした形で受け止めた観客はいたようだ。

さらに、観客の反応の中に、次のような見方をしたケースもある。

「私は皮肉の気持ちにとらわれた。さあ、我々はこれから、絶滅危惧種（ブラックスワン）を名に冠し、主要なスポンサーが世界で最大級の鉱物資源会社である劇団の上演によって、立腹し、恥ずかしく思い、そして気候変動と種の絶滅について何かしなければと駆り立てられるのだと。これは批判ではなく、善意の金の使い方についての、単なる観察である」(22)。

実際にブラックスワン・シアターカンパニーは、二十年に及ぶパートナーシップ関係を、鉱物資源のグローバル企業リオ・ティントと結んできた。リオ・ティントが開発を進めるピルバラで、先住民演劇『ビンデンジャレ・ピンジャラ』のツアーを行ったり、同地域の学校でのワークショップを開催したりと、リオ・ティントの企業イメージアップとブラックスワンの活動は密接に関わってきた。またウェスタンオーストラリア州民にチケット代金を安くするための助成をしたり、奥地における生中継放送の配信など、同州におけるブラックスワンのプレゼンスと、劇団としての持続性にとって、リオ・ティントの協力は欠かせなくなっている(23)。レイソンの執筆プロセスに、この劇団の大スポンサーの存在がどれほど大きく関わっていたかは、本人の証言がないのでわからない。ただ物語の中のパワーハウス社とリオ・ティントと重ね合わせることは容易であり、「環境を破壊する汚い金を受け取っても、環境をまもるべきなのか」という作中の問いが、そのまま、この芝居の成立過程にも当てはまる可能性があるのは、興味深いところだ。

一方で同じ評者は、「レイソンの芝居は、『問題提起の芝居』ではない。問題提起の芝居は、特定のイデオロギー的傾向や布教を伴う傾向にある。レイソンの芝居は対照的に、そのようなトピックについての視野が人間であることの現実によって曇ってしまった登場人物たちの集合体である」(24)と結論づけ、この作品が生態系保全の啓蒙というよりも、その問題を通して人間そのものを描こうとしている意図をくみ取っている。純粋で崇高な理念も、それを実現させるためには現実という名の様々な障壁をときに乗り越え、ときに妥協しながら進んでいく必要があり、そのときにこそ真の人間味が立ち現れてくるという見方だろう。

四　おわりに

劇団のサスティナビリティに向けた試みは、目標と成果が分かりやすく示されていて、企業や公的機関など他の組織と変わらない。一方、作品の中にサスティナビリティのテーマをどのようにして盛り込んでいくかは、様々な可能性があるだろう。ハニー・レイソンの試みに見られるように、環境問題を扱う場合に、いかにそのトピックを通して人間描写を深められるかどうかが、作品の成功を左右するように思われる。演劇には今日様々な役割が期待されている。環境に対する市民意識を高めるための力も、演劇というメディアにあることは確かだ。ただ一方で、メインストリーム劇団を中心にして、商業性、芸術性と、教育・啓蒙をうまく両立しうるかどうかは、今後の課題になるだろう。

注

(1) Sustainability (Sydney Theatre Company)(https://www.sydneytheatre.com.au/community/sustainability　最終閲覧日二〇一七年四月一日)
(2) Greening the Wharf (Sydney Theatre Company)(https://d2wasljt46n4no.cloudfront.net/files/Annual%20report/AR2011_GreeningTheWharf.pdf　最終閲覧日二〇一七年四月一日)
(3) 前掲、Sustainability (Sydney Theatre Company).
(4) 前掲、Greening the Wharf (Sydney Theatre Company).
(5) Opera House awarded for sustainability leadership (Green Building Council Australia)(https://www.gbca.org.au/news/gbca-media-releases/opera-house-awarded-for-sustainability-leadership　最終閲覧日二〇一七年四月一日/)

(6) 同前。

(7) Sydney Opera House 2015 GBCA Green Star Performance Rating (https://www.sydneyoperahouse.com/content/dam/pdfs/environment/GreenStar_FactSheet.pdf　最終閲覧日二〇一七年四月一日)

(8) Opera House Concert Hall lights: the way on sustainability (http://d16outft0soac8.cloudfront.net/uploadedFiles/About_Us/Media/Media_Releases/Corporate_2014/MEDIA%20RELEASE_Opera%20House%20Concert%20Hall%20lights%20the%20way%20on%20sustainability%20FINAL.pdf　最終閲覧日二〇一七年四月一日)

(9) Vivid LIVE goes Co2-neutral for second year running (https://d16outft0soac8.cloudfront.net/uploadedFiles/About_Us/Media/Media_Releases/Corporate_2016/SOH_Media%20Release_Vivid%20LIVE%20Sustainability_Final.pdf　最終閲覧日二〇一七年四月一日)

(10) Sydney Opera House Environmental Sustainability Plan 2017-19 (https://www.sydneyoperahouse.com/content/dam/pdfs/environment/ESP_2017-19.pdf　最終閲覧日二〇一七年四月一日)

(11) 同前。

(12) Case Study Energy Efficient Lighting - King Kong The Musical (Live Performance Australia)(http://liveperformance.com.au/sites/liveperformance.com.au/files/resources/case_study_-_energy_efficient_stage_lighting_kingkong_0.pdf　最終閲覧日二〇一七年四月一日)

(13) Acting Green Drama Australia Guidelines for sustainable drama practice and drama teaching.November 2011 (https://www.dramaaustralia.org.au/assets/files/GreenGuide2011_final.pdf　最終閲覧日二〇一七年四月一日)

(14) Ian Meadows, *Between two waves*, Sydney, Currency Press, 2012.

(15) Sam Strong, Director's note,(Ian Meadows, *Between two waves*, Sydney, Currency Press, 2012.)

(16) Hannie Rayson, *Extinction*, Hobert, Australian Script Centre, 2013.

(17) Victoria Laurie, "Hannie Rayson、s Extinction raises quoll question at Black Swan", *The Australian*, 12 September 2015.

(18) 同前。

(19) Hannie Rayson, "Hannie Rayson on her new play, Extinction: a plea for our endangered quoll", *Sydney Morning Herald*, 5 August 2016

(20) Victoria Laurie, 2015.

(21) Frank McKone, "Extinction by Hannie Rayson", *Canberra Critics Circle*, 21 July 2016 (http://ccc-canberracriticscircle.blogspot.jp/2016/07/extinction-by-hannie-rayson.html　最終閲覧日二〇一七年四月一日)

(22) Charlotte Guest, "Charlotte Guest reviews 'Extinction' (Black Swan State Theatre Company)", *Australian Book Review*, 28 September 2015.

(23) "A business arts partnership with staying power", *Fundraising & Philanthropy*, 24 April 2017. (http://www.fpmagazine.com.au/business-arts-partnership-with-staying-power-349428/　最終閲覧日二〇一七年四月一日)

(24) 前掲、Charlotte Guest, 2015.

「アクションリサーチ」の実践現場から
――持続可能な学びへの挑戦――

小川　晃弘

一　アクションリサーチとの出会い

この章を書いている時点（二〇一六年十月）で、私はオーストラリアに来て、ようやく一年経ったところであるのだが、この国には来るべくして来たような気がしている。ここへ来る前には、スウェーデンのストックホルム大学で八年間教えた。その前は、アメリカでコーネル大学の大学院に通った。博士課程での専攻は人類学で、日本や東アジアの市民社会、社会運動を研究対象としていた。しかし、コーネル大学では、人類学の研究者となるための基礎的なトレーニング以上に、私の研究者としての生き方に大きな影響を与えたものに出会っている。

それは、「アクションリサーチ」である。アクションリサーチには、いろいろな定義があるが、私は「研究者と当事者（研究対象のコミュニティや組織のメンバー）が一緒になって、実際に直面している問題の解決を目指し、前向きの変化を起こしていく社会調査」のことであると理解している。それは単にリサーチの方法論のことではなくて、メタな研究戦略と捉えるべきで、質的調査であれ、量的調査であれ、どちらにでも応用できる。

私がコーネル大学で師事したデービッド・グリーンウッド（Davydd Greenwood）教授（二〇一五年に退職、現在は名誉教授）は、アクションリサーチの第一人者といえる。彼の著書には *Introduction to Action Research: Social Research for Social Change* (Greenwood & Levin, 1998) があり、アクションリサーチを学び、そして実践していく上での必読書となっている。グリーンウッド教授は、スペインのバスク地方を拠点とする労働者協同組合モンドラゴンの研究などで知られ、現地でアクションリサーチを展開してきた人類学者である。私自身、グリーンウッド教授から博士論文の指導を受けた唯一の日本人である。

このアクションリサーチという手法については、コーネル大学をはじめ、世界にいくつかの研究拠点がある。例えば、ノルウェー科学技術大学（NTNU）、イギリスのバース大学などが挙げられる。ノルウェー科学技術大学には、上記のグリーンウッド教授と共同研究をすすめてきたモルテン・レヴィン (Morten Levin) 教授がいる。またイギリスのマンチェスターには、アクションリサーチの国際的なネットワーク組織である CARN (Collaborative Action Research Network)(1)の本部がある。

そうした状況のなかで、私は、オーストラリアはアクションリサーチの研究及び実践の両方において、その最先端にあるのではないかと認識している。オーストラリア社会の様々な場所、それは大学のような研究機関に限らず、学校や病院、コミュニティグループ、アボリジニの福利厚生などの分野で、このアクションリサーチを使った問題解決への取り組みが実際に展開されていることに、私は以前から注目していた。それは問題解決に向けて新たな学びを続ける挑戦であり、こうした草の根の取り組みを継続していることが、オーストラリア社会のダイナミズムを持続可能なものにしているという実感を強めている。

二　アクションリサーチの歴史

最近ようやく、日本でもアクションリサーチに関する書籍が出版され始めている（矢守、二〇一〇年、秋山、二〇一五年などを参照）。しかし、まだそれほどアクションリサーチ自体が認知されている訳ではないようだ。そんな状況もあって、現在、私は、研究仲間と共に、先に紹介したグリーンウッド教授の著書を『(仮題) アクションリサーチ入門』として日本語に翻訳中でもある。先生には、日本語版のための序文も書いていただいている。

一九九〇年代後半、私が大学院生の頃は、インターネットで日本語で「アクションリサーチ」と検索したところで、特に何も出てこなかったことを記憶している。あれから二十年近くの時間が過ぎたといっても、この研究手法がそれほどメジャーになったわけではない。これは日本語及び日本だけに限った話ではなくて、実際のところ、アクションリサーチに関する国際的なジャーナルは数えるほどしかないし、専門的なトレーニングを受けた研究者の数も限られている。そもそも「アクションリサーチ」という科目がどこの大学でも普通に教えられているわけでもない。

ただ、アクションリサーチは別の名前で呼ばれていることも多いことは記しておくべきだろう。アクションラーニング (Action Learning)、協働探求 (Co-generative Inquiry)、コーデザイン (Co-Design)、プログラムデザイン (Program Design) なども、実質的には、私がここで紹介している「アクションリサーチ」のことであると理解していいと思う。その研究者としての手法や学びの姿勢は、敢えて、「アクションリサーチ」と呼ばなくても、いろいろなところで使われている。アクションリサーチの手法が取り入れられている分野も、教育や開発、労働、社会福祉、看護など幅広いといえよう。

「アクションリサーチ」という用語自体は、ドイツ系アメリカ人の社会心理学者クルト・レヴィン (Kurt Lewin) が最初に使っている (Lewin,1946)。今から七十年以上前、第二次世界大戦の直後である。レヴィンはベルリン大学の教授であったが、ナチスの迫害を避けるためにアメリカに亡命し、コーネル大学やマサチューセッツ工科大学などで教授を務めた。

レヴィンが唱えるアクションリサーチでは、「計画、実践、評価」のサイクルを繰り返し、問題解決プロセスに研究者も一緒に関わりあうなかで、新しい知を紡ぎだしていくというものだ。研究とアクション (計画、実践、評価) がダイナミックにぶつかりあい、研究は次のアクションを生み出していく。そうした研究の進め方は、らせん状運動のようにとらえることが可能で、次から次へと続くその学びのプロセスに終わりはない。

本書のテーマであるサスティナビリティ学と関連づけるなら、アクションリサーチについては、特に「評価」の部分が大きな位置を占めると思う。それは「省察（reflection）」、簡単に言えば、「振り返り」であって、一つの問題解決のプロセスが終わったら、そのプロセスをかえりみて考える時間を必ず持つ。その省察の行為自体が、次のアクションにつなげていく重要な契機となっていて、研究は新たな課題を見出し、続いていく。

ジョン・デューイ（John Dewey）のプラグマティズムもアクションリサーチの理論を支える大切な哲学だ。彼の思想は「よく為すことによって学ぶ（Learning by Doing）」（Dewey 1916）と表現されることが多いが、デューイは実践がなければ学習もない、その実践における試行錯誤のプロセスそのものが学習の目的であるとした。つまり実際の行為がなければ、何か新しい理論が生み出されることもないのだ。

さらに言えば、私にとっては、アクションリサーチとは、研究対象と「共に（with）」研究を行うこと。研究対象に「ついて（about）」研究することでもなく、研究対象の「ために（for）」研究することでもない。そのような姿勢で、大学院生の頃より、研究のあり方を問い続けてきた。私自身、東京の下町にある生涯学習ＮＰＯをベースに、十五年以上、アクションリサーチを続けてきている（例えば Ogawa, 2009, 2015 を参照）。

三　オーストラリアのアクションリサーチ

実はオーストラリアに来る前から、オーストラリアを拠点に研究・実践するアクションリサーチの専門家とは交流があった。特に意識することもなかったが、こうして振り返ってみると、論文などで引用するのは、オーストラリアの研究者が多かった。最近、出版が続いたアクションリサーチに関するハンドブック（Bradbury, 2015）や百科事典（Coghlan & Brydon-Miller, 2014）でも、その執筆者にオーストラリア在住の研究者や実践家の名前が多く含まれている。

その一人が、現在、シドニー工科大学（UTS）建築環境学部で教えるシャンカー・サンカラン（Shankar Sankaran）教授だ。二〇〇五年十月、私はサンカラン氏とコーネル大学で会っている。当時、博士課程を終えたばかりの私は、ハーバード大学でポスドク研究員を始めていた。サンカラン教授のコーネル大学訪問をグリーンウッド教授からメールで知らされ、ボストンから車で四時間運転して、講演会に駆けつけたことがあった。同教授はその頃、サザンクロス大学のビジネススクールで教えていたが、日本の横河電機のアジア法人で、プロジェクトマネジメントの現場にも長くいた経験があるとのことだった。彼は企業の組織文化などを踏まえたコンサルティングなどにも積極的に関わっているという。

オーストラリアの西海岸パースのカーティン大学には、アーネスト・ストリンガー (Ernest Stringer) 教授がいる。私自身がメルボルンに移り、メルボルン大学でアクションリサーチの大学院生向けセミナーを担当（詳しくは後述）するようになってから、直接連絡を取るようになった。彼はアクションリサーチの教科書となるような著書 (Stringer, 2013 など) をいくつか出版しているほか、オーストラリアのアボリジニの人たちと一緒に長年にわたりアクションリサーチを展開している。最近は、アクションリサーチの手法を用いたアボリジニ研究センターの設立準備に忙しいようだ。

そしてこれに加えて、オーストラリアのアクションリサーチにおける中心人物として、ボブ・ディック (Bob Dick) 氏の存在がある。ディック氏は東海岸のブリズベンを拠点とし、現在、大学などの研究機関には籍をおかない在野のアクションリサーチの実践家である。私自身、ディック氏のアクションリサーチのホームページは(2)、大学院生の頃から閲覧していた。アクションリサーチに関する理論及び実践に関する必要な情報が、非常にコンパクトにまとめられており、アクションリサーチに関する知識を包括的に得ることができる唯一のサイトと言えるだろう。

オーストラリアにおけるアクションリサーチの学術組織としては、ＡＬＡＲＡ (Action Learning, Acton Research Association)(3) があるが、これはディック氏のネットワークから立ちあがった組織だと言っても過言ではないだろう。オーストラリアをベースとする国際的なアクションリサーチのネットワークで、先に述べたイギリスのＣＡＲＮに匹敵する国際組織だ。二〇一六年十一月には、アデレードにおいて、「変化と変革のための学び (Learning for Change and Innovation)」をテーマに国際会議を地元のグループと共催するなどして、活動を続けている。

四　メルボルン、草の根の現場から

そして、もう一人、オーストラリアのアクションリサーチといえば、外せない人がいる。ヨランド・ワズワース (Yoland Wadsworth) 女史だ。この章を書くにあたり、このオーストラリアを代表するアクションリサーチの専門家ワズワース女史に会い、インタビューすることができた。ワズワース女史は、最近リタイアされたのだが、直近はメルボルン市内にあるＲＭＩＴ大学応用社会調査センターの兼任教授 (adjunct professor) であった。

同女史によると、オーストラリアのアクションリサーチには、前節で述べたように、クィーンズランド州やウェスタンオーストラリア州などで中心となる人物がいて、様々なプロジェクトが展開されてきた。その動きは特に二〇〇〇年前後から活発化したという。

私が現在住むメルボルンを中心とするヴィクトリア州でも、ワズワース女史を中心に研究者及び実践家が集まり、様々な社会問題を当事者と一緒に自分たちの力で解決しようとする社会調査、つまりアクションリサーチが展開されてきた。その拠点となったのが、アクションリサーチイシュー学会 (Action Research Issues Association) であった。今から三十年ほど前の一九八八年四月の発足以来、ヴィクトリア州政府や地元の財団などの支援を受けて活動を続けてきた。メルボルン市内中心部のビルの一角に拠点をかまえるかたちで、アクションリサーチセンター (Action Research Centre) も設立された。

二十五名ほどが設立メンバーとして参加、新たにメンバーになるには現在のメンバーからの推薦を必要とするなど簡単な会則も設けた。社会的に不利な立場にある人たちの状態を改善するために、メンバーのそれぞれが、積極的に支援に参加していきたいという思いを共有していた。またその当事者も意思決定に参加することで、自分自身の生き方を自分で決めていく、つまりセルフマネジメントの可能性を最大限に引き出すような支援をしたいという思いもあった。参加型のアプローチを取るにあたり、振り返りを大切にし、様々な角度から、常に探求心を持ちながら、アクションに移していくことを信条としてきた。

ワズワース女史らのアクションリサーチセンターは非営利団体として、ヴィクトリア州政府などと深く連携しながら、これまでに多くのプロジェクトを展開してきたという。社会福祉団体、コミュニティグループ、セルフヘルプグループ、病院等で、問題を抱える当事者ともに活動してきた。対話を進めるためのフォーラムを開催したり、行政サービスの評価プロセスに当事者が参加する場を積極的に設けてきた。

彼女らの活動については、私自身、特にこの評価プロセスへの関与に注目している。当事者同士、例えば社会福祉のサービス提供者とサービス利用者が同じテーブルにつき、試行錯誤しながら、より良いサービスのあり方を模索する場を提供する。そこにはお互いの経験から学び合うという学びの場がある。

ワズワース女史らは、単に互いの意見を伝え合うメッセンジャーの役割ではなく、当事者同士の間に入り込む ―― 間を取り持つ（go-between）仲介者となるよう努めてきたという。サービスを受ける側の視点で、サービスのあり方を改善していく。その改善を提案するタイミングとして、評価プロセスに関与することから始める。この手法は様々な場合に応用できそうだと思った。アクションリサーチのプロセスに沿えば、評価をへて、新たなサービスのあり方が提案され、新しいアクションが始まる。そのアクションは、次の評価プロセスへとつながるわけで、状況改善への努力が続いていく。

「小さいけれど、大きな課題に取り組む（"Small centre with a big agenda"）」ということで、その活動は一時期、アクションリサーチの関係者の間では国際的にも名を馳せたといい、またオーストラリアで評価手法に関する書籍としてはベストセラーになった *Everyday Evaluation on the Run* (Wadsworth, 1997) を世に出した実績もある。

五　アクションリサーチセンターの活動

ワズワース女史らが立ち上げたアクションリサーチセンターは、その後、地元メルボルンの諸大学とも連携していく。一九九九年からは二年間にわたり、ヴィクトリア大学の社会研究・コミュニティ研究学部において、アクションリサーチの研究ユニットの立ち上げに関わった。その後は、スウィンバーン工科大学社会調査研究所にワズワース女史が兼任教授として招かれた。二〇〇四年には、同大学にオーストラリアで初めて大学院レベルでアクションリサーチのプログラムが認可された。しかしながら、大学内の機構改革と経営陣の刷新などで、開設間もないプログラムは二〇〇六年に突如閉鎖となってしまったという。

しかし、ワズワース女史の仲間は、その後も逆境にひるむことなく、独立の団体として、アクションリサーチセンターを運営してきた。三十年近い活動の歴史を聞いていて、彼女らの原動力となっているのは、新しいリサーチパラダイムを模索する——少し大きな構えだが、そんなところに活動の中核があるのだと感じた。

そもそもこのアクションリサーチセンターの立ち上げに、直接関わったのは八人で、全員がメルボルン市の成人教育カウンシルのメンバーだったという。一九八六年十二月、彼らが合意したのは、地元の社会福祉団体、コミュニティグループ、セルフヘルプグループの人たちが、社会福祉などの行政サービスに対して、サービスの利用者の立場から、サービスのあり方自体を検討し評価できるような仕組みを作ろうというものであった。

それは成人教育を通して、草の根のコミュニティのなかで積み上げてきた様々なリソース（資源）を、日常生活のなかで実際に直面する課題の解決に使おう。そうした活動をサポートすることができるような、何か新しいリサーチパラダイムを築けないかという問いかけから発せられたものであった。

この新しいリサーチパラダイムの構築こそ、私がここで議論している「アクションリサーチ」なのだが、これは今から三十年近く前の話。アクションリサーチの理論自体、当時は今ほどきちんと整理されていない状況だったことを考えると、当然のことながら、まわりからは大きな抵抗があった。現在でさえ、伝統的なポジティビストのような研究者に対して、アクションリサーチの醍醐味を理解させるのは困難であるのだから、それは容易に想像できる。これは私自身が、院生の時以来、経験してきていることなので、非常によく分かる。

しかし、ワズワース女史曰く、「状況は変化しつつあった」という。絶対的な客観性を求め、研究者の価値判断が一切入らないバリューフリー(value free)な研究を指向するポジティビスト的な研究の対極に、研究者が人々の生活の改善に深く関わっていくことを指向するような研究があってもいい。そうすることで、研究対象の人々が日々の生活のなかでどんな問題に直面しているのかを、研究者は初めて理解することが可能になるのではないか。研究対象の人々に深く関与しないリサーチというのは、社会調査から「社会」の部分を取り除いているようなものではないかと、ワズワース女史は指摘する。私もこの指摘について同意する。

六　アクションリサーチの今後

二〇一五年九月にメルボルン大学に着任して以来、この一年は、ここでの研究生活を定着させるための準備期間のようなものであったが、その準備してきたものの一つがアクションリサーチの授業であった。二〇一六年の第二学期目(八月から十月)に、大学院博士課程に在籍する学生を対象にしたセミナー「Introduction to Action Research (アクションリサーチ序論)」を開講した。

受講に関して、それぞれの専攻、研究領域は一切問わない。一年目の今年、聴講生も含めて、九人の登録があった。人類学、開発学、経営学、法律学、心理学、文化資源管理学などから、全学から博士課程一年目の学生が参加した。特に私の専門分野である日本やアジアを研究対象にしている学生ではない。彼らのプロジェクトを紹介すると、例えばアボリジニのタバコの消費について、オーストラリアでのシリア難民受け入れ政策、人事管理の効率化など、実に多彩だった。

セミナーでは、アクションリサーチの歴史、その理論的背景、私自身のアクションリサーチを含む重要なケーススタディーズの紹介を行った。それらのディスカッションにおいては、学生がリードする形で行ったのだが、ここまでは通常の院生用のセミナーと変わりない。

そうしたコースワークと同時にプロジェクト学習（PBL: Problem Based Learning）を導入した。メルボルン大学には美術史・考古学・解剖学などの科目の実習の場となっている附属博物館がある。同博物館は近く増改築を予定しており、一時閉鎖の期間中に、それらの科目に対してどのような代替機能を提供できるのかという問題を設定した。博物館の学芸員に協力を得ながら、セミナーの最後には学生が博物館のスタッフに向けて、提案プロポーザルのプレゼンテーションを行うというものだった。

学生らはこの問題を解決するために、自分たちでリサーチをデザインすることから始めた。博物館の一時閉鎖に関係する当事者は誰か、その選定をしながら、提案プロポーザルを書くために必要となる情報は何か、そのための情報収集手段として、最も的確な方法論は何かを問い続けた。そしてフォーカスグループインタビューや学生アンケートなどを実施し、積極的に課題に取り組み、最終日には素晴らしいプレゼンテーションを行った。

先に少し述べたが、通常、大学院博士課程のコースワークとなれば、基本的に理論に関する文献を読み、セミナーに参加、ターム·ペーパーを書いて終わりという展開が通常である。しかし、私の学生の多くが、このアクションリサーチのセミナーについて、これまで取ったクラスと比べて、「すべてが違う」との感想を漏らしていた。

セミナーでは、アクションリサーチのサイクルである「計画、実践、評価」のサイクルを意識的に取り入れた。その意図は、私自身が教員というより、彼らの学びが継続する、持続可能であるようにアレンジするファシリテーターの役割に徹しようと努力したことにある。学期末のペーパーは、自己への成績付けを含めて、セミナー全体を省察し、自分自身の博士論文プロジェクトも絡めて、次につながる研究課題を明確にすることを求めた。

学生たちを見ていての印象は、現在の大学院教育、特に博士課程のコースワークに満足していなかった学生が、私のアクションリサーチのセミナーを見つけたというものだ。社会人を経験して、自分なりの課題を持って大学院に戻ったものの、自分の問題意識をどう具体化したら良いのか分からないという状態の学生たちであった。手詰まり感いっぱいで、私のセミナーにやってきたという感じだった。

実はこれは私自身の経験と同じだ。五年間の社会人（新聞記者）経験の後、大学院に戻った私は、現実離れした理論のための理論のような授業に嫌気がさすのと同時に失望し、大学院の転校、学部の転部を重ねて、グリーンウッド教授に出会い、アクションリサーチを学び始めた。

グリーンウッド教授のセミナーでは、アメリカの大学では考えられないことだが、教員が作成するシラバスがなかった。初回のセミナーにおいて、自分の博士論文プロジェクトを行う上で、どんな知識を必要としているのか、同時にどんな知識をセミナーの参加者と共有できるのか。この二つを持ち寄り、すりあわせるなかで、学生たちでシラバスを作り、セミナーを運営していった。あの院生時代の学びから得たものが、私の研究者生活のベースになっていると感じている。

今後の課題は、メルボルンのアクションリサーチの歴史のなかに、この私が主催する院生用のセミナーを位置づけることだ。ワズワース女史のアクションリサーチイシュー学会やアクションリサーチセンターは、メンバーの高齢化などが進み、最近は活動自体が年に一度の年次大会程度になってしまっているという。ホームページも現在は閉鎖中である。

もう一度、メルボルンのアクションリサーチの伝統を再生させたい。アクションリサーチイシュー学会との合流、もしくは新たなネットワーク組織の立ち上げも視野に入れている。やる気いっぱいの若い大学院生も、三十年前にアクションリサーチで新しいリサーチのあり方を目指した地元の先輩から学ぶことがたくさんあるだろう。

今は退職され、スペインでのリタイア生活を楽しまれているグリーンウッド教授には及ばないが、次は私が、先生のアクションリサーチの哲学を伝え実践していきたい。メルボルン大学をアクションリサーチの拠点とし、新しいリサーチカルチャーを築いていく。そんな夢が確実に動き出している。

注

(1) (http://www.esri.mmu.ac.uk/carnnew/　二〇一七年四月八日参照)
(2) (http://www.aral.com.au/　二〇一七年四月八日参照)
(3) (http://www.alarassociation.org/　二〇一七年四月八日参照)

参照文献

秋山弘子編『高齢社会のアクションリサーチ』東京大学出版会、二〇一五年。
矢守克也『アクションリサーチ——実践する人間科学』新曜社、二〇一〇年。
Bradbury, Hilary, ed. *The Sage Handbook of Action Research*, Sage. 3rd edition, . 2015.
Coghlan, David, and Mary Brydon-Miller, eds. *The SAGE Encyclopedia of Action Research*, Sage, 2014.
Dewey, John. *Democracy and Education: An Introduction to the Philosophy of Education*, The Macmillan Company, 1916.
Greenwood, Davydd J., and Morten Levin. *Introduction to Action Research: Social Research for Social Change*, Sage, 1998.
Lewin, Kurt. Action Research and Minority Problems. *Journal of Social Issues* 2(4), 1946, pp.34-46.
Ogawa, Akihiro. *The Failure of Civil Society?: The Third Sector and the State in Contemporary Japan*, State University of New York Press, 2009.
Ogawa, Akihiro. *Lifelong Learning in Neoliberal Japan: Risk, Knowledge, and Community*, State University of New York Press, 2015.
Stringer, Ernest T. *Action Research*, Forth edition, Sage, 2013.
Wadsworth, Yoland. *Everyday Evaluation on the Run*, Allen & Unwin, 1997.

結びに換えて

サスティナビリティを中心テーマとする論考をまとめた本書は、これまでのオーストラリア研究による、代表的なアプローチだった、「地域研究」という枠を超えることを目的としていた。現代のグローバルな課題を、単なる、オーストラリアと言う、一地域モデルからの発信で解決しようとする従来の試みは、ともすれば、オーストラリアの優位性を「ひけらかす」ことに繋がりかねないどころか、オーストラリアの解決モデルに、必ずしもグローバルスタンダードな普遍性があるわけではないという批判には、十分応えることができなかった。

「人類の文明活動が、将来にわたって持続できるかどうか」という、地球市民共通の課題を考える場合、地域研究を超えたポストモダン的な発想が強く求められ、それが、「誰も置き去りにしない（leaving no one left behind）」という共通の理念に繋がると思われる。

サスティナビリティ研究は、とくに、人文社会科学の分野においては、先行研究に乏しく、理論的なフレームワークと共に、多様な実証研究が求められる。そうした意味で、本書では、低炭素社会、社会基盤、ナノテクノロジー、エネルギー問題（新エネルギーを含む）、宇宙工学、文化遺産、資源利用と循環型社会、公共政策、農林水産、ジェンダー、平和学、都市社会学、国際開発、社会安全、女性学、言語政策、先住民（アボリジニー）など、これまでサスティナビリティ研究で十分に扱われてこなかった分野からの研究蓄積に貢献しえたと言える。今後、サスティナビリティ研究では、さらなる検証トピックが、ターゲットになる。そのためにも、小宮山・武内（二〇〇七）によるサスティナビリティ学の基本フレームワークに則った、「〝地球システム（global system）〟」、「〝社会システム（social system）〟」、そして、「〝人間システム（human system）〟」から、オーストラリアを注視する必要がある。

編集代表　宮崎里司

ゆ

ら

り

れ

わ

ね

は

ひ

ふ

へ

ほ

ま

み

め

お

か

き

く

け

こ

さ

索引

主著:『日本社会を逃れる―オーストラリアへのライフスタイル移住』(彩流社)。Migration as Transnational Leisure: The Japanese Lifestyle Migrants in Australia (Brill)。『オーストラリアの日本人―過去そして現在』(共編著, 法律文化社)。

塩原 良和（しおばら よしかず）
専門：社会学、国際社会学、オーストラリアの移民と多文化主義、日本における外国人住民と多文化共生
慶應義塾大学大学院社会学研究科後期博士課程単位取得退学。博士（社会学）
慶應義塾大学法学部教授
主著：『分断と対話の社会学―グローバル社会を生きるための想像力』慶應義塾大学出版会。『共に生きる―多民族・多文化社会における対話』弘文堂。『分断するコミュニティ―オーストラリアの移民・先住民族政策』法政大学出版局。

福田 知弘（ふくだ ともひろ）
専門:環境設計情報学、都市計画・建築計画、人工現実感（VR）・拡張現実感（AR）
大阪大学 大学院工学研究科 環境工学専攻 博士後期課程修了 博士（工学）
大阪大学 大学院工学研究科 環境・エネルギー工学専攻 准教授
神戸市都市景観審議会 委員（副会長）、吹田市教育委員会 委員、CAADRIA (Computer Aided Architectural Design Research In Asia) 学会元会長
主著：『Computer-Aided Architectural Design: The Next City - New Technologies and the Future of the Built Environment』(共著) Springer。『はじめての環境デザイン学』(共著) 理工図書。『VR プレゼンテーションと新しい街づくり』（共著）エクスナレッジ。

佐和田敬司（さわだ けいじ）
専門：演劇学、映像学、オーストラリア研究
マッコーリー大学メディア文化研究博士（Ph.D）
早稲田大学法学学術院教授、オーストラリア学会（副代表理事）
主著：『現代演劇と文化の混淆：オーストラリア先住民演劇と日本の翻訳劇との出会い』(早稲田大学出版部)。『演劇学のキーワーズ』(共編著, ぺりかん社)。『オーストラリア先住民とパフォーマンス』(東京大学出版会)。

小川 晃弘（おがわ あきひろ）
専門：社会人類学、アクションリサーチ、日本研究
コーネル大学大学院人類学博士（Ph.D）
メルボルン大学アジアインスティチュート教授（日本研究）
主 著：The Failure of Civil Society?: The Third Sector and The State in Contemporary Japan, SUNY Press（2010 年日本 NPO 学会審査委員会特別賞）。Lifelong Learning in Neoliberal Japan, SUNY Press; Routledge Handbook of Civil Society in Asia, Routledge（編著）。

a live attenuated *Salmonella enterica* serovar Dublin vaccine. *Veterinary Research*, 38: pp. 773-794. Intramuscular vaccination of young calves with a *Salmonella* Dublin metabolic-drift mutant provides superior protection to oral delivery. *Veterinary Research,* pp. 39:26. Histological structure and distribution of carbonic anhydrase isozymes (CA-I, II, III and VI) in major salivary glands in koalas. *Anatomia Histologia Embryologia*, 38: pp. 449-454.

村上 雄一（むらかみ　ゆういち）
専門：日豪関係史
クイーンズランド大学歴史学博士（Ph.D）
福島大学行政政策学類教授
主著:『オーストラリアの歴史ー多文化社会の歴史の可能性を探る』有斐閣（共著）。「放射線被ばくと人権に関する一考察ー脱被ばくへ向けて」『行政社会論集』第二十六巻　第二号。『オーストラリアの日本人ー過去そして現在』法律文化社（共著）。

原田容子（はらだ　ようこ）
専門：オーストラリアの歴史、政治、社会、日豪関係
ウーロンゴン大学博士号（歴史・政治）、修士号（アジア太平洋地域の社会変遷と開発）取得
博士号取得後、ディーキン大学博士研究員、外務省アジア大洋州局大洋州課外務事務官を経て、現在は大学で非常勤講師などを務める。
主論文：“Australia, Japan, Inferiority Complex and Orientalism: Examining common symptom of ‘natural partners’.” In *Outside Asia: Japanese and Australian Identities and Encounters in Flux,* Stephen Alomes, Peter Eckersall, Ross Mouer and Alison Tokita (eds.). Melbourne: Japanese Studies Centre, Monash University, pp. 35-45。“Hegemony, Japan, and the Victor's Memory of War.” In *Hegemony Studies in Consensus and Coercion*, Richard Howson and Kylie Smith (eds.). New York: Routledge, pp. 218-236。ブログ：「オーストラリア備忘録：備えなければ憂いなし？」(https://telescopium.stellato.blog/tag/australia-biboroku/)

多田 稔（ただ　みのる）
専門：水産経済学、農業経済学、開発経済学
京都大学博士（農学）
近畿大学農学部水産学科水産経済学研究室教授、国際漁業学会（会長）
主著:『緑茶需給の計量経済分析』農林統計協会。『変わりゆく日本漁業　その可能性と持続性を求めて』（共編著）北斗書房。『海洋国家の歴史に見る日本の未来』萌書房。

長友　淳（ながとも　じゅん）
専門：移民研究、グローバル化論、社会学
クイーンズランド大学社会科学部　社会学博士 Ph. D（社会学）
関西学院大学国際学部教授

編著者

宮崎 里司（みやざき　さとし）
専門：第二言語習得、言語教育政策、サスティナビリティ
モナシュ大学日本研究科応用言語学博士（Ph.D）
早稲田大学大学院日本語教育研究科教授、東京大学国際高等研究所客員教授、日越大学（ハノイ）日本語教育プログラム総括。日本言語政策学会（会長）
主著：『ことば漬けのススメ』明治書院（第二回国際理解促進優良図書優秀賞）。『外国人看護・介護人材とサスティナビリティ：持続可能な移民社会と言語政策』(共編著)くろしお出版。『日本が示すことばの政策：持続可能な移民社会・言語教育をめざして』（共編著）明石書店。

樋口 くみ子（ひぐち　くみこ）
専門：社会病理学、教育社会学
一橋大学大学院社会学研究科 修士（社会学）
大阪経済法科大学教養部准教授、早稲田大学オーストラリア研究所招聘研究員
主著：『関係性の社会病理』（共著）学文社。『映画で知るオーストラリア』（共著）オセアニア出版社。『格差社会における家族の生活・子育て・教育と新たな困難―低所得者集住地域の実態調査から』(共著) 旬報社。

著者（執筆順）

堤　純（つつみ　じゅん）
専門：地理学、オーストラリア研究
筑波大学生命環境系准教授、博士（理学）（筑波大学）
主著：*Urban Geography of Post-Growth Society*. 東北大学出版会。（共編著），『変貌する現代オーストラリアの都市社会』筑波大学出版会．(編著)，International Students as an Influence on Residential Change: A Case Study of the City of Melbourne. *Geographical Review of Japan Series B* 84(1): pp. 16-26.（https://www.jstage.jst.go.jp/article/geogrevjapanb/84/1/84_1_16/_article）

水野　哲男（みずの　てつお）
専門：細菌学、予防医学、ワクチン工学
クィーンズランド大学　獣医学博士（Ph.D）。
オーストラリア日本野生動物保護教育財団理事長、日本獣医生命科学大学客員教授。オーストラリア・レッドランド市名誉国際大使および国際関係顧問
主著：『世界の中のオーストラリア　社会と文化のグローバリゼーション』（共著）オセアニア出版社。主論文：A new concept to stimulate mucosal as well as systemic immunity by parenteral vaccination as applied to the development of

サスティナビリティ・サイエンスとオーストラリア研究
　—地域性を超えた持続可能な地球社会への展望

2018 年 4 月 1 日　初版発行

編著者　宮崎里司（早稲田大学オーストラリア研究所所長）
　　　　樋口くみ子（早稲田大学オーストラリア研究所招聘研究員）

発行者　岡見阿衣

発行所　オセアニア出版社
　　　　〒 233-0013　神奈川県横浜市港南区丸山台 2-41-36
　　　　TEl: 045-845-6466　FAX: 0120-388-533
　　　　E-mail: oceania@ro.bekkoame.ne.jp

印刷　　モリモト印刷株式会社
　　　　〒 162-0813　東京都新宿区東五軒町 3-19

ISBN978-4-87203-115-7 C3036　　　　Printed in Japan 2018